黄河流域草地生态系统
服务功能研究

HUANG HE LIU YU CAO DI SHENG TAI XI TONG FU WU GONG NENG YAN JIU

杨 洁 / 著

U0247639

华中科技大学出版社
http://press.hust.edu.cn
中国·武汉

内容简介

本书基于土地利用/覆被变化与生态系统服务功能的科学关系,以黄河流域土地利用/覆被变化为研究起点,以 1990、1995、2000、2005、2010 和 2018 年为研究节点,应用 InVEST 模型、CASA 模型对产水、碳储存、土壤保持、生境质量及净初级生产力进行定量评估和分析,明晰其时空分异特征,明确草地生态系统 5 项服务功能的时空变化特征,揭示生态系统服务功能对草地利用转型的敏感性,探究生态系统服务功能权衡与协同关系及其尺度效应并明确草地生态系统 5 项服务功能的权衡与协同机制及其驱动因素,然后利用 CA-Markov 模型预测未来 10 年黄河流域土地利用/覆被变化及其生态系统服务功能的变化,以生态系统服务功能空间格局特征、各功能间权衡与协同关系以及未来趋势划定黄河流域生态系统服务功能分区继而提出草地生态系统管理对策。

图书在版编目(CIP)数据

黄河流域草地生态系统服务功能研究/杨洁著.—武汉:华中科技大学出版社,2023.4
ISBN 978-7-5680-9217-3

Ⅰ.①黄… Ⅱ.①杨… Ⅲ.①黄河流域-草原生态系统-服务功能-研究 Ⅳ.①S812.29

中国国家版本馆 CIP 数据核字(2023)第 047365 号

黄河流域草地生态系统服务功能研究   杨 洁 著
Huanghe Liuyu Caodi Shengtai Xitong Fuwu Gongneng Yanjiu

策划编辑:罗 伟
责任编辑:丁 平
封面设计:廖亚萍
责任校对:刘 竣
责任监印:周治超
出版发行:华中科技大学出版社(中国·武汉)   电话:(027)81321913
         武汉市东湖新技术开发区华工科技园   邮编:430223
录 排:华中科技大学惠友文印中心
印 刷:湖北恒泰印务有限公司
开 本:787mm×1092mm 1/16
印 张:9.25
字 数:230 千字
版 次:2023 年 4 月第 1 版第 1 次印刷
定 价:98.00 元

序　言

/////////

九曲黄河,孕育了中华文明,山水间蕴藏自然法则,也蕴含着发展哲学。

黄河不仅是青藏高原生态保护的屏障,也是黄土高原—川滇生态保护、北方防沙带的重要屏障。黄河流域在我国社会经济发展和生态安全格局构建方面具有十分重要的地位,黄河流域的生态保护和高质量发展上升为国家重大战略,同时也面临着生态系统退化、水土流失、湿地萎缩等生态问题。这需要更精准、更清晰地明确和刻画黄河流域生态系统服务现状,进而更系统、更深入地了解黄河流域生态系统服务的时空演变特征和规律。过去几十年,人类活动的显著增加及气候明显变暖对黄河流域生态环境造成深刻而显著的影响。探究黄河流域生态系统服务功能过去变化、未来趋势及其空间异质性,揭示不同服务功能的权衡与协同关系及其尺度效应,明确草地生态系统对全域生态系统服务功能的贡献,对于科学合理开展黄河流域生态治理和生态修复具有重要的科学价值。

本书基于土地利用/覆被变化与生态系统服务功能的科学关系,以黄河流域土地利用/覆被变化为研究起点,以 1990、1995、2000、2005、2010 和 2018 年为研究节点,应用 InVEST 模型、CASA 模型对产水、碳储存、土壤保持、生境质量及净初级生产力进行定量评估和分析,明晰其时空分异特征,明确草地生态系统 5 项服务功能的时空变化特征,揭示生态系统服务功能对草地利用转型的敏感性,探究生态系统服务功能权衡与协同关系及其尺度效应并明确草地生态系统 5 项服务功能的权衡与协同机制及其驱动因素,然后利用 CA-Markov 模型预测黄河流域未来 10 年土地利用/覆被变化及其生态系统服务功能的变化,以生态系统服务功能空间格局特征、各功能间权衡与协同关系以及未来趋势划定黄河流域生态功能分区继而提出草地生态系统管理对策。

　　本书试图回答以下 3 个科学问题:①在不同区域、不同海拔、不同坡度等研究层次,黄河流域草地生态系统服务功能表现出怎样的空间异质性? 如何解释草地生态系统服务功能的空间异质性的形成? ②生态系统服务功能权衡与协同关系存在怎样的尺度效应以及不同尺度下权衡与协同关系的驱动机制和影响因素是什么? ③如何设置不同情景科学预测黄河流域土地利用/覆被变化并模拟未来某时期不同情景下生态系统服务功能及其权衡与协同关系变化,指导优化土地利用/覆被变化从而保障区域生态安全和可持续?

　　本书有以下几处可能的创新:①在探究生态系统服务功能权衡与协同关系的基础上明确其关系在空间上的异质性,将空间统计分析方法应用到权衡与协同关系的空间识别上,增加了权衡与协同关系的空间表达。②将草地生态系统服务功能及其权衡与协同关系的探究置入全要素生态系统中,更系统地明确草地生态系统各项服务功能对全要素生态系统服务功能的贡献,这对黄河流域山水林田湖草生态修复具有重要意义。③自组织映射方法一定程度上克服了生态功能分区中存在的主观性缺陷,综合考虑生态系统服务簇的权衡与协同关系,分区结果更为科学,结合不同情景的预测结果,有望为黄河流域生态保护提供决策依据。

甘肃农业大学草业学院教授、博士生导师

目录

第 1 章　绪论

1.1　问题的提出与研究意义　　　　　　　　　　　　/1
1.2　相关研究进展　　　　　　　　　　　　　　　/4
1.3　研究内容　　　　　　　　　　　　　　　　　/12
1.4　思路与技术路线　　　　　　　　　　　　　　/13

第 2 章　研究区概况与研究方法

2.1　黄河流域概况　　　　　　　　　　　　　　　/15
2.2　研究方法　　　　　　　　　　　　　　　　　/19
2.3　数据来源与处理　　　　　　　　　　　　　　/27

第 3 章　黄河流域 1990—2018 年土地利用/覆被时空演变

3.1　黄河流域土地利用/覆被时空总体特征分析　　　/32
3.2　黄河流域土地利用/覆被类型转移图谱分析　　　/35
3.3　二级流域土地利用/覆被结构特征及变迁　　　　/40
3.4　总结　　　　　　　　　　　　　　　　　　　/43

第 4 章　黄河流域草地生态系统服务功能及其空间异质性

4.1 黄河流域生态系统服务功能时空演变特征分析　　　　　/44

4.2 黄河流域草地生态系统服务功能空间自相关分析　　　　/51

4.3 黄河流域草地生态系统服务功能的地形效应　　　　　　/55

4.4 总结　　　　　　　　　　　　　　　　　　　　　　　/62

第 5 章　黄河流域生态系统服务功能对草地利用转型的敏感性

5.1 不同土地利用/覆被类型的生态系统服务功能对比　　　　/64

5.2 草地生态系统服务功能对区域生态系统服务功能的影响研究　/66

5.3 总结　　　　　　　　　　　　　　　　　　　　　　　/71

第 6 章　黄河流域草地生态系统服务功能权衡与协同关系
**　　　　及其驱动因素**

6.1 研究方法　　　　　　　　　　　　　　　　　　　　　/73

6.2 黄河流域生态系统服务功能不同尺度权衡与协同关系　　/77

6.3 草地生态系统服务功能的权衡与协同关系　　　　　　　/88

6.4 草地生态系统服务功能权衡与协同的驱动因素　　　　　/90

6.5 总结　　　　　　　　　　　　　　　　　　　　　　　/95

第 7 章　黄河流域未来土地利用/覆被变化和生态系统
**　　　　服务多情景模拟**

7.1 黄河流域未来土地利用/覆被变化预测　　　　　　　　/97

7.2 未来气候变化预测　　　　　　　　　　　　　　　　　/102

7.3 不同情景下生态系统服务功能变化　　　　　　　　　　/104

7.4 总结　　　　　　　　　　　　　　　　　　　　　　　/110

第 8 章　黄河流域草地生态系统服务价值时空特征
**　　　　及其地形梯度效应**

8.1 黄河流域草地生态系统服务基准单价和总价值　　　　　/113

8.2 生态系统服务价值的空间分布　　　　　　　　　　　　/116

8.3 黄河流域草地生态系统服务价值的地形梯度分异特征　　/117

8. 4　总结　　　　　　　　　　　　　　　　　　　　　　　　　／119

**第 9 章　黄河流域生态系统服务功能分区及草地生态
　　　　系统分类管理对策**　

9. 1　基于 SOM 的黄河流域生态系统服务功能分区　　　　　／120
9. 2　草地生态系统服务功能核心区及重点提升区识别　　　／124
9. 3　总结　　　　　　　　　　　　　　　　　　　　　　　　／129

第 10 章　研究结论与展望　

10. 1　研究结论　　　　　　　　　　　　　　　　　　　　　／130
10. 2　展望　　　　　　　　　　　　　　　　　　　　　　　／131

主要参考文献　　　　　　　　　　　　　　　　　　　　　　／133
后记　　　　　　　　　　　　　　　　　　　　　　　　　　／140

第 **1** 章

绪论

1.1 问题的提出与研究意义

1.1.1 问题的提出

生态系统服务(ecosystem service,ES)是指生态特征、生态功能或生态过程直接或间接为人类提供赖以生存和发展的条件,即人类从生态系统中获利。生态系统服务包括调节服务(包括气候调节、气体调节、废物处理、水调节)、供给服务(包括食物生产和原材料生产)、文化服务(包括休息娱乐)和支持服务(包括土壤保持和生境维持)。生态系统不仅提供直接的资源,如食物、能源、药材等,而且在调节气候、防洪蓄水、保持水土、净化空气、美化环境等方面发挥着不可替代的作用,直接或间接影响人类福祉。随着人类对生态系统服务功能重要性认识的不断加深,这一领域的研究备受重视。对生态系统服务功能进行合理分析和有效评估,有利于人类加深对生态系统服务功能重要性的认识,有助于人类对自然生态系统可持续开发与利用,促使人类采取有效的生态保护措施和可持续管理手段。因此,开展生态系统服务功能研究对生态系统的科学保育、退化生态系统的恢复和生态资产的增值大有裨益,对实现可持续发展和实现生态文明具有重要的现实意义。

人类活动与生态系统服务功能之间存在非常复杂的关系:一方面,一种生态系统服务同时受到不同人类活动的影响;另一方面,多个生态系统服务同时受一种人类活动的影响。土地利用/覆被类型变化反映了人与自然相互影响的最直接关系,人类活动导致土地利用/覆被类型、格局和强度发生显著变化从而直接或间接地影响生态系统服务过程与格局,驱动着生态系统服务功能的变化,其中土地利用/覆被类型对生态系统服务功能的影响是多方面的,包括能量流动、水分循环、土壤侵蚀与堆积、生物地球化学循环等生态过程,不同的土地利用/覆被格局会产生不同的生态过程,从而对生态系统服务功能造成影响,当人类对生态系统的干扰特别强烈,土地利用/覆被强度较大时,土地容易退化,进而会威胁各种生态系统服务的供给。土地利用/覆被类型变化会改变景观连接度,使生境碎片化、连通性降低,从而直接或间接地影响生态系统服务的形成。2005 年的全球土地计划(GLP),是由国际地圈生物圈计划(IGBP)与国际全球环境变化人文因素计划(IHDP)联合发布的,该计划将由土地利用/覆被变化引起的生态系统服务功能的变化以及由此引起生态系统服务供给的变化作为重点研究专题之一,因此,从土地利用/覆被变化的角度出发,由此引起生态系统服务功能的变化成为国内外全球变化研究领域的核心命题之一。

生态系统服务具有复杂性、多样性和空间异质性,而且各生态系统服务之间相互作用的关系也很复杂,例如,某些生态系统服务功能加强,可能同时导致其他生态系统服务功能加强或变弱。土地利用/覆被变化引起的一种生态系统服务功能变强的同时,往往会削弱其他生态系统服务功能,尤其是调节服务和生物多样性的增加是以供给服务降低为代价的。同一土地利用/覆被变化过程,在不同的尺度对生态系统的影响也不一致,因此土地利用/覆被变化对生态系统服务功能的影响会随尺度发生变化,正是因为生态系统服务具有空间异质性、复杂性,所以土地利用/覆被对生态系统服务功能的影响具有明显的尺度效应。明确各项生态系统服务之间的相互关系,不仅有助于提出科学管理生态系统的对策,还可以使生态系统服务可持续发展,而且是制定区域绿色经济发展和生态环境保护等一系列发展政策的理论基础。兼顾多种生态系统服务之间平衡的土地利用方式研究,以及使生态-经济效益最大化的生态系统服务研究,已成为当前地理学和生态学的研究热点。

黄河流经青海、四川、甘肃、宁夏、内蒙古、山西、陕西、河南、山东9个省(自治区)。黄河流域构成我国重要的生态屏障,青藏高原生态屏障、黄土高原—川滇生态屏障、北方防沙带等均位于或贯穿黄河流域。在全国"两屏三带"生态安全战略布局中,黄河流域承担着重要的生态功能,如涵养水源、防风固沙、保护生物多样性等,该区域生态状况关系到华北、东北、西北乃至全国的生态安全,因此维护该区域的生态安全具有非常重要的意义。黄河流域幅员辽阔,具有地貌单元复杂、生态系统类型多样以及气候变化明显等特点,也是全球气候变化相对敏感的区域之一。由于自然和人为因素的干扰,黄河流域出现土壤侵蚀严重、天然湿地面积减小、生物多样性下降等问题,这给提高生境质量带来了巨大的压力。由于水土流失、生态破坏、上游局部地区生态系统退化,产水服务及涵养水源功能下降等问题日趋严重,因此更需要注重环境保护和可持续发展。近年,国家层面进一步明确了黄河流域为我国重要生态屏障和重要经济地带,黄河流域生态保护与高质量发展已上升为国家战略,这就需要对生态环境保护和可持续发展管理提出更高、更严的要求。更精准、更清晰地明确和刻画黄河流域生态系统服务现状(包括不同空间尺度、不同土地利用/覆被类型以及不同地貌地形单元),进而更系统、更深入地了解黄河流域生态系统服务功能的时空演变特征、空间异质性与尺度效应,明确各项生态系统服务功能的权衡与协同关系及其驱动因素,预测其未来发展变化趋势,这都将成为黄河流域生态系统科学保育的理论依据。

此外,在过去的几十年,针对上游植被退化、中游水土流失,我国政府实施了大规模的生态工程措施,如三江源生态保护和建设工程、山水林田湖草综合治理工程以及退耕还林还草工程,改造退化农田和荒地,恢复森林和草地生态系统等水土保持措施。黄河流域土地利用/覆被类型发生了变化,使得其生态系统服务功能发生了时空变化,因此需要对黄河流域过去到现在生态系统服务功能的时空演变特征做进一步的探究。草地是陆地生态系统的重要组成部分,草地生态系统及生态过程非常独特,是全球大气水循环中最庞杂、受人类活动影响最大的部分,草地生态系统为人类提供了多种产品和服务,草地是黄河流域最主要的土地利用/覆被类型,因此,需要重点关注草地生态系统的服务功能变化及其权衡与协同关系。

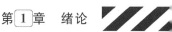

正如前文所述,学术界普遍认为土地利用/覆被变化是导致生态系统服务功能发生变化的主要原因之一,二者之间存在着相互影响、相互制约的关系,土地利用/覆被变化与生态系统服务作为可持续发展研究的核心问题和前沿领域,受到学术界广泛关注,如何根据土地利用/覆被变化进行生态系统服务功能的动态评估,提高评估的准确性和科学性,依然是生态环境可持续发展亟待解决的主要问题之一,如何通过土地利用/覆被变化的监测、模拟、预测及决策来实现生态系统服务的可持续发展,以及生态系统服务对全球气候环境变化的响应,已成为全球范围重点关注的问题;土地利用/覆被变化对生态系统服务功能的影响具有尺度效应,同一土地利用/覆被变化过程,在不同尺度上,对生态系统服务功能的影响也不同,系统理解土地利用/覆被变化对生态系统服务功能影响的尺度特征、尺度差异及尺度关系,对深入研究土地利用/覆被变化对生态系统服务功能的影响的尺度效应、协调多层次管理机构的制度决策、缓解生态系统服务稀缺对社会经济发展的限制等具有重要意义;不同的研究层面,不同的生态系统服务会表现出不同的生态格局及生态过程,而且各个层面上生态系统服务间的关系也可能随着时间的推移和社会经济利益需求变化而发生改变,因此研究层面的不同会造成生态系统服务空间差异化,多层面深层次理解生态系统服务间的关系有利于促进经济与生态的协同发展。

综上,本书重点提出以下四个方面科学问题。一是伴随着全球气候变化以及人类对土地长期性和周期性的经营管理与治理活动,黄河流域长期以来经历了怎样的土地利用/覆被变化?其土地利用/覆被变化呈现出怎样的时空特征?尤其需要明确作为主导土地利用/覆被类型的草地的变化规律,这是基于土地利用/覆被变化探究生态系统服务功能的基础。二是在土地利用/覆被变化的影响下,如何定量评估黄河流域生态系统服务功能?黄河流域生态系统服务功能在空间上的异质性和时间上的变化特征如何?明确黄河流域生态系统服务功能是否存在尺度效应,同时需要明确生态系统服务功能在不同研究尺度上的特征差异,以更深层次地认识黄河流域生态系统服务功能,为黄河流域生态系统服务可持续管理提供理论认识基础。三是黄河流域生态系统服务功能之间存在怎样的权衡与协同关系及其如何随着研究尺度发生变化?如何刻画不同尺度生态系统结构、过程、功能、服务变化之间的相互作用及其影响因素?准确甄别生态系统服务权衡与协同驱动因子,从而深层次地揭示生态系统服务权衡与协同内在机制,这对解决生态保护与生产利用之间的矛盾具有重要的科学意义。四是为了进一步支撑黄河流域未来生态系统服务可持续管理,一方面需要根据生态系统服务功能现状,科学划定生态功能区,另一方面,需要根据土地利用/覆被变化历史规律,科学预测全球气候变化背景下土地利用/覆被变化,进而预测未来黄河流域生态系统服务功能变化趋势,为生态系统服务可持续管理和规划实践提供理论依据。

基于上述背景与问题,本书选取黄河流域作为研究区域,以该区域草地生态系统作为研究对象,基于土地利用/覆被变化与生态系统服务功能之间的关系,利用 InVEST 模型和CASA 模型评估黄河流域及其草地生态系统服务功能,探究生态系统服务功能在空间上的异质性和时间上的变化特征,明确黄河流域生态系统服务功能的尺度效应,探究黄河流域 5项生态系统服务功能的权衡与协同关系及其驱动因素,科学预测黄河流域未来土地利用/覆被变化及其生态系统服务功能,划定黄河流域生态功能分区继而提出草地生态系统管理对策。对黄河流域系统地开展生态保护与修复具有重要的意义,是黄河流域生态保护与高质量发展的基础性研究工作。

1.1.2　研究意义

黄河流域各种土地利用/覆被类型之间因人类的经济需求和保护政策的实施而发生复杂的相互转变,进而严重影响着生态环境和生态系统服务功能的变化,探讨黄河流域土地利用/覆被变化与生态系统服务功能的互动关系,对阐述两者动态变化机制和引导黄河流域可持续发展具有重要意义。

1. 理论意义

从不同尺度探究生态系统服务的空间异质性以及生态系统服务功能之间的权衡与协同关系,从宏观和微观两个方面揭示黄河流域多维地带性对生态系统服务功能的影响,全面探讨不同层面生态系统服务功能间的权衡与协同关系,准确把握生态系统服务的区域内部时空差异和空间表达,系统把握不同层面上生态系统服务权衡与协同的关联特征和形成机制,推动不同层面上或同一层面内部生态系统服务权衡与协同研究结果的综合集成,是对生态系统服务功能权衡与协同关系研究框架的进一步完善和拓展。山水林田湖草是生命共同体,陆地生态系统功能的发挥是各个单要素生态系统的结构功能,各个生态系统具有整体性和系统性,剖析和探究作为主导的草地生态系统各项服务功能与陆地生态系统综合服务功能的关系是对草地生态系统服务功能认知的进一步拓展,有利于明确草地植被变化在生态系统服务功能演变中的地位和对其的贡献程度。

2. 实践意义

黄河流域的重要性不言而喻,黄河流域生态保护是继京津冀协同发展、长江经济带、粤港澳大湾区、长三角一体化后的重大国家战略。黄河流域的生态保护和高质量发展问题被提上日程。黄河流域由此也将迎来"大治时代",系统研究黄河流域生态系统服务恰逢其时,该研究以黄河流域为研究单元,以草地生态系统为重点研究对象,从土地利用/覆被变化、生态系统服务功能时空变化特征及其尺度效应、生态系统服务功能权衡与协同关系及其内在机制以及未来多情景预测等方面开展系统研究,有助于更深入地认识黄河流域生态系统,以协助决策者在适当的空间尺度制定相应的管理策略,同时为区域间的山水林田湖草生态保护和生态治理修复提供基础性参考。

1.2　相关研究进展

1.2.1　生态系统服务及草地生态系统服务的研究进展

20 世纪 70 年代,关键环境问题研究小组(SCEP)首次提出,生态系统作为生物与环境的统一整体,可为人类提供服务,这一概念的提出很快得到学术界的认可和使用。而生态系统服务是指人类直接或间接地从生态系统中获得各种产品与服务,通常包括供应服务、调节服务、支持服务和文化服务四种,它是调控生态系统的有效中介工具,与人类社会发展相互依存。此外,关于生态系统服务的研究有两次重大突破:第一次是 1997 年 Daily 的"Nature's

services"和 Costanza 等的"The value of the world's ecosystem services and natural capital"两篇论文的发表,使生态系统服务研究作为一个跨学科概念开始在学术界广泛传播;第二次是由 2005 年联合国《千年生态系统评估综合报告》引发的,该报告的影响一直持续至今,且该报告指出,全球约 60%的生态系统服务处于退化和不可持续中,因此,目前关于生态系统服务的研究成了国内外学者普遍关注的前沿和热点问题。总的来说,生态系统服务的研究主要包括以下几个方面:生态系统服务评估方法与模型研究、生态系统服务相互作用关系研究、生态系统服务优化管理研究、不同生态系统的生态系统服务评估研究。

生态系统服务的评估方法由简单的生态系统服务测量(物质量和价值量),发展到目前的复合模型法,其间经历了漫长的发展过程。目前,生态系统服务评估模型主要有 ARIES (Artificial Intelligence for Ecosystem Services)模型、SolVES(Social Values for Ecosystem Services)模型和 InVEST(Integrated Valuation of Ecosystem Services and Tradeoffs)模型等。ARIES 模型由美国佛蒙特大学开发,将算法与空间数据集成于一体,被称为生态系统服务人工智能方法,它是基于先进生态信息学基础的网络可访问技术,旨在通过每个具体案例的研究,建立一个更准确、更科学的生态系统服务分析模型。SolVES 模型由美国地质调查局和科罗拉多州立大学联合开发,将社会价值的量化和空间明确的度量纳入生态系统服务评估,以评估、绘制和量化生态系统服务的社会价值为目的,结果以社会价值指标表示。InVEST 模型(生态系统服务和权衡与协同的综合评估模型)可以用来量化多种生态系统服务的评估,如 Haunreiter 等采用 InVEST 模型对美国西南部内华达山脉的产水、碳储存、土壤保持以及生物多样性等多种生态系统服务功能进行了定量评估,国内学者如周彬、陈龙、谢高地等,运用该模型对北京山区和澜沧江流域的土壤保持和水源涵养量进行了评估。随着模型的改进与更新,国内外众多学者将 InVEST 模型应用于生态系统服务评估中,以此探究不同生态系统服务之间的关系,如 Goldman 等在运用该模型定量评估哥伦比亚的生态系统服务的基础上,杨芝歌等在运用该模型定量评估北京山区的生态系统服务的基础上,分别探讨了各生态系统服务之间的关系。

关于生态系统服务的研究是一个逐步发展、不断完善的过程。从研究服务种类的数量来看,研究初期仅评估和模拟一种生态系统服务,到 2013 年之后,大多数学者能够对两种及以上的生态系统服务进行综合评估。如潘韬等探讨了三江源区 1981—2010 年间生态系统水源涵养量的变化特征,贾芳芳运用 InVEST 模型模拟评估了赣江流域的产水、碳储存和土壤保持三大生态系统服务功能。此外,白杨等对白洋淀流域的生物多样性、水源涵养、氮固定、磷固定、水质净化等 7 种生态系统服务功能进行了评价,并对其空间分布特征进行分析。从研究对象及空间范围来看,近年来,关于生态系统服务的研究对象更加宽泛,其空间范围也不断扩大,应用领域也更加多元化,研究对象涉及脆弱生态区、流域、丘陵山地、森林、草地等。王晓峰等对我国北方风沙区、西北干旱区、黄土高原区等重点脆弱生态区 1990—2015 年间的生态系统服务进行了定量评估,并利用相关系数法结合植被分布数据探讨了生态系统服务权衡与协同关系。陈心盟等在遥感、气象、土地利用等多源数据的基础上,采用 InVEST 模型评估了青藏高原 1990—2015 年间产水、固碳和气候调节功能;Nelson 等利用 InVEST 模型及其情景预测功能,对美国俄勒冈州西南部威拉米特河流域的生态系统服务进行了深入研究;王良杰等以我国南方丘陵地带为研究对象,Haunreiter 等以美国内华达山脉为研究对象,较为详细地评估了研究区产水、土壤保持、碳储存等多种生态系统服务;Fisher 等评估了坦桑尼亚的森林生态系统服务,刘亚轩等评估了我国福建省的森林生态系统服务,前者是基于 InVEST 模型的情景预测功能对研究区生物多样性、木材生产等多种生态系统服务进行了详细的模拟评估与预测,后者则是运用 InVEST 模型和 Meta 分析两套方法体系对比评估了福建省森林生态系统水源涵养服务状况。

此外,草地生态系统作为陆地生态系统的重要组成部分,不仅能够为人类提供具有直接经济价值的产品,同时其生态系统服务功能(气候调节、土壤保持、碳储存等功能)对人类社会发展是必不可少的。据统计,全球陆地总面积中的 40.5% 是草地,且陆地生态系统总碳量的 34% 储存在草地中。我国作为草地资源大国,拥有草地总面积约 400 万 km^2,约占国土总面积的 41.7%,但长期以来,人们只重视草地能够为人类创造的价值,忽视了其重要生态功能,由此导致草地生态系统服务功能降低,从而对我国生态安全造成严重威胁。因此开展草地生态系统服务研究,对合理配置草地的生产-生态功能,明确各种服务功能之间的关系及其影响机制至关重要。

目前,关于草地生态系统的研究,主要从以下三个方面来展开。一是关于草地生态系统服务功能的研究,如吴丹等、刘军会等、张雪锋等用降水储存量法和 InVEST 模型估算了草地生态系统水源涵养量,并对其时空特征进行了探讨;仲俊涛等基于碳储存、土壤保持和水源涵养 3 项关键生态系统服务评估了农牧交错带宁夏盐池县草地禁牧前后(2000 年和 2015年)的生态系统服务;白永飞等对我国北方草地的生态系统服务进行了评估,并制订了北方草地主体功能区划。二是草地生态系统的影响因素研究,如吕曾哲舟等研究了放牧、旅游复合压力对研究区生态系统服务的影响;国外学者也探究过草地生态系统服务的影响因素,如气候变化和人类活动对草地生态系统服务影响的研究。三是关于草地生态系统服务价值的研究,如谢高地等、赵同谦等评估了我国草地生态系统的服务价值,最终得出生态系统服务功能的年生态经济价值,但区别在于前者参照了 Constanza 等提出的修正草地生态系统服务价值,而后者是在物质量评价方法的基础上对其生态经济价值进行评价。

1.2.2 生态系统服务权衡与协同关系的研究进展

生态系统服务类型多种多样,空间分布极不均衡,且各服务类型之间相互影响,存在着某种复杂的非线性关系,这种关系究其原因,主要是人类的选择使用造成的,也就是说,当人们过分强调某一种生态系统服务时,必然会忽视甚至损害到其他生态系统服务,从而导致一种或多种生态系统服务衰退,引发一系列的生态环境问题,因此,各项生态系统服务的权衡与协同关系研究对区域发展和生态保护,以及生态区域政策的制定具有重要意义。

"权衡"一词源于经济学,生态系统服务权衡作用通常指某种生态系统服务增加的同时,另一种服务减少的情形,即呈现此消彼长趋势。而当两种或多种生态系统服务出现同增共减的状态时,则称之为协同作用。由于划分标准不同,生态系统服务权衡关系可划分为空间权衡、时间权衡、可逆权衡和生态系统服务类型之间的权衡。空间权衡指区域内一种生态系统服务功能的增加会削弱其他一种或多种生态系统服务功能,如生态系统服务的供给过程和调节过程的相互作用关系;时间权衡指短期内生态系统服务的变化会对长期生态系统服务造成影响,如短期内大量破坏森林农田对净初级生产力、土壤保持服务等造成的影响;可

逆权衡则强调已破坏的生态系统服务在时间上能够回到最初状态的可能性;从众多研究中可知,生态系统服务类型之间的权衡关系最为普遍。此外,Bevacqua 等和 Lester 等基于各生态系统服务变化的曲线特征,将权衡关系划分为独立服务、直接权衡、凸权衡、凹权衡、非单调凹权衡和倒"S"形权衡 6 种形式,并通过案例验证了凸曲线模型在管理决策中的应用。但这些权衡关系的划分,只考虑了 2 种生态系统服务之间的相互作用关系,并没有考虑到其他生态系统服务对其产生的影响,且忽视了生态系统服务之间的动态关系,因此,人们迫切需要研究特定时空尺度下多种生态系统服务之间的相互作用机制,如 Raudsepp-Hearne 提出用"生态系统服务簇"的概念来探究各生态系统服务之间的关系。

在目前研究中,国内外学者针对权衡与协同关系的研究方法与技术、区域差异等开展了大量研究工作。研究方法方面,目前常用的研究方法有生态-经济综合模型、统计学方法、生态系统服务制图、情景分析法等。

生态-经济综合模型用于研究生态系统与经济系统的相互关系,为资源受限区域制定决策提供了便利。国内外学者应用该模型开展了大量应用分析,如 Hussain 等、Chisholm 首先构建生态-经济综合模型,对南非高山的生物多样性与其他生态系统服务间的关系进行了研究,并再次分析了在该区域硬叶灌木群落种植辐射松的经济可行性,但总体来看,该模型主要用于分析便于市场化的生态系统服务与生物多样性保护、固碳价值等之间的权衡关系,诸如木材生产、食物生产等,在对土壤保持、水源涵养、传粉等更偏重于"公共物品"的服务间的权衡与协同关系研究具有明显劣势。

相关分析和回归分析是研究生态系统服务权衡与协同关系的主要统计学方法,相关分析能够辨识生态系统服务权衡与协同的类型及程度,若呈正相关,则两种服务间存在一定的协同关系;若呈负相关,则这两种服务间存在权衡关系。如 Louise 以荷兰乡村为研究区域,通过划分研究生态系统服务的空间冷热点区域分析了各服务间的权衡与协同关系,Wu 运用相关分析方法对北京及北京周边区域的物质生产等 5 项生态系统服务间的相互关系进行了研究。而采用回归分析可进一步探究影响权衡与协同关系的因素,如孙艺杰等运用净初级生产力(NPP)、保水服务和食物生产等数据,对陕西河谷盆地的生态系统服务的时空差异进行了分析,并在相关分析和回归分析等方法的支持下分析了生态系统服务的权衡与协同关系。Maes 等和 Dobbs 等运用回归分析方法研究了生态系统服务、生物多样性与栖息地保护之间的权衡与协同关系,并探讨了政府管制、社会发展及气候对生态系统服务的影响。近年来,经济学理论中的生产可能性边界(production possibility frontier,PPF)方法也被渐渐纳入生态系统服务权衡与协同关系的研究中来,如杨晓楠等运用玫瑰图和生产可能性边界方法研究了关中—天水经济区生态系统服务之间的权衡与协同关系。

生态系统服务制图是在 GIS 平台和空间叠加、地图代数等方法的支持下,通过比较生态系统服务的空间重合度来识别权衡与协同的类型及区域。例如,Chan 等、Egoh 等和 Onaindia 等通过 GIS 空间分析分别评估了美国加利福尼亚中心海岸生态区、南非地区及西班牙北部生物圈保护区的生态系统服务,并对各服务之间的关系进行了探讨。在空间制图的基础上,通常应用空间自相关、冷热点分析、玫瑰图等方法来研究生态系统服务的空间格局及权衡与协同关系。如刘玉等、杨晓楠等运用空间自相关和玫瑰图分别分析了京津冀县域和关中—天水经济区的生态系统服务,前者重点研究了农产品生产功能的时空格局和空间耦合性,后者则分析了耕地、林地、草地景观中各服务间的权衡与协同关系。国外学者如Qiu 等和Jopke 等,运用空间制图、冷热点分析和袋状图(bagplot)等方法分别分析了美国某流域和欧洲地区的生态系统服务,并进一步探讨了各生态系统服务的空间格局、权衡与协同关系,提出了一种基于协同与权衡的生态系统服务累积相关系数(R)的排序方法。此外,生态系统服务的空间流动性也得到了国内外学者的广泛关注。

情景分析法是目前生态系统服务权衡与协同关系研究中最为常见的一种方法,即根据人类偏好(生态保护优先、经济发展优先)设置若干情景,通过改变某种生态系统服务来分析其他生态系统服务的动态变化,用变化趋势的一致性表征生态系统服务的权衡与协同关系。例如,Erin 等设定了不同的情景对非洲南部流域内各生态系统服务之间的权衡与协同关系进行了研究,Alcamo 等和Butler 等研究发现,农业用地扩张造成了相关生态系统服务的减少,且水质调节与食物和纤维生产之间是权衡关系,而与渔业生产之间为协同关系。可以看出,情景分析法通常是在模拟土地利用/覆被的基础上对生态系统服务功能进行评估,其目的在于在可能的决策规划情景下使各生态系统服务呈现权衡与协同关系。当前常用的土地利用情景分析法有CLUE-S 模型、CA-Markov 模型、多智能体、土地系统动态模拟(DLS)模型。例如,Reed 等将土地利用情景设为粗放型和集约型,来分析两种土地利用情景下生态系统服务间权衡与协同关系的异同,Meehan 等将能源作物利用情景设定为一年生和多年生两种来分析生态系统服务间权衡与协同关系,结果表明,引入多年生能源作物可以增加多种生态系统服务,但同时损坏了生产者和土地所有者的经济利益。总体来看,情景分析法一般用于土地利用/覆被变化、政策和土地规划变更等因素引起的生态系统服务变化的研究中,由于其具有可控性特征,该方法已成为研究土地规划和生态系统管理对生态系统服务影响的主要方法之一。自InVEST 模型发布以来,国内外学者将情景分析法与InVEST 模型结合起来,对生态系统服务权衡与协同关系开展了大量的研究。例如,白杨等设定了5 种土地利用情景,运用InVEST 模型对白洋淀地区农业生产、水电生产和水质保护等服务的权衡与协同关系进行了探讨;国外学者如Nelson 等、Swetnam 等和Fisher 等,在InVEST 模型的支持下,分析了不同模拟情景下生物多样性与商品供给量等生态系统服务之间的权衡与协同关系,情景包括土地利用情景和社会-经济情景等。

虽说权衡与协同关系普遍存在于各生态系统服务之间,但生态系统服务之间的相互作用关系会因区域差异性而发生变化。例如,白杨等和Onaindia 等分别研究了白洋淀流域和西班牙乌尔代百自然保护区的产水与植被碳储存服务之间的关系,前者发现这两者之间是协同关系,而后者则发现这两者之间存在着权衡关系;类似地,Raudsepp-Hearne 等研究表明加拿大魁北克省区域海岸带保护与旅游休憩服务之间存在着协同关系,而Dixon 等指出在荷兰博内尔岛,这两种生态系统服务之间是权衡关系。造成这种差异的可能原因是区域之间的景观结构差异和人类活动差异,因此推进不同区域、不同空间尺度上的生态系统服务权衡与协同关系研究,对科学分析生态系统服务之间的作用关系、制定合理的区域决策至关重要。

自然生态系统进化是在内力和外力的干扰作用下不断演进的过程,此外,由生态系统韧性理论可知,在一定的外力干扰下,生态系统结构和功能才能够在一定的韧性阈值或运行路径范围内保持相对稳定,由此可见,生态系统服务间的作用关系并非遵从静态的权衡与协同关系,因此,在考虑各种外力作用(气候变化、土地利用/覆被变化及自然要素差异等)的耦合影响下,研究生态系统服务的驱动机制,解释生态系统服务之间的权衡与协同关系已成为生态系统服务研究的重要任务。

1.2.3　生态系统服务驱动机制的研究进展

近年来,人们在追求高质量社会经济发展的过程中,有关生态系统的保护问题却往往被忽视,再加上社会-生态环境因子的变化会同时对各项生态系统服务造成不同程度的影响,如城市化进程在改善城市基础设施建设的同时,造成生态条件恶化和提供生态系统服务能力退化等问题。此外,Kragt 和 Robertson 等研究发现,农业施肥活动在增加农业产量的同时会导致传粉服务的降低,又由于不同生态系统服务驱动机制具有相似性,各服务之间存在一定的内在联系且彼此相互影响,如 Alexandra 等研究表明,自然生境下的传粉服务有利于农作物的生长。因此,要想尽可能地避免权衡关系的发生,实现生态系统服务之间的协同发展,就需要在明确各生态系统服务之间的关系及影响因子的基础上对其驱动机制进行研究。

生态系统服务的变化主要通过 2 种驱动机制产生。第一种驱动机制是共同驱动因子的驱动。这种驱动机制包括直接驱动因子和间接驱动因子,其中,直接驱动因子不仅包括降水量、地形、土壤、土地利用方式、工程措施等自然生态因子,也包括生态系统内部的驱动因子,如植被覆盖、林分密度等。间接驱动因子则是通过社会经济等因素来影响直接驱动因子,进而影响生态系统服务。如王秀明等和 Feng 等分别用地理探测器和冗余度分析探索了地形、土壤属性、降水量、坡度、海拔等自然生态因子对生态系统水源涵养、水土保持、生物多样性、碳储存和土壤侵蚀控制等服务功能的影响。也有学者发现,人类活动和社会经济等因素会对生态系统服务造成影响。如朱晓楠等、赵忠旭等和邓元杰等在定量计算生态系统服务功能价值的基础上和夜间灯光数据等的支持下,发现扩张城市用地面积对各生态系统服务均起主要作用,且人类活动强度变化和退耕还林还草工程会对水土保持和防风固沙等生态系统服务造成影响。耿甜伟等研究发现,经济因素对陕西省生态系统服务价值的解释作用最强,社会因素和自然因素次之,且土地复垦率、人均 GDP、人口密度和城乡居民收入等因素的区域差异性造成了陕西省生态系统服务价值的空间差异性。第二种驱动机制是生态系统服务内部的直接相互作用,即一种生态系统服务发生变化会对另一种生态系统服务造成影响,各服务之间的影响可以是单向的也可以是双向的。如 Klein 研究表明,增加农作物残留量可同时提高农田生产价值、土地利用/覆被和土壤碳氮的生态系统服务供给量;Gordon 等研究表明,如果过于关注某一种生态系统服务,会造成其他生态系统服务的突然消失。明确生态系统服务驱动机制,对科学制定生态管理对策、优化生态系统服务管理、合理应对全球变化及解决各生态系统服务间的冲突至关重要。

国内外学者关于生态系统服务的驱动机制研究大体是从 3 个学科角度来展开的。经济学中,生态系统服务研究追求的是经济价值最大化,因此生态系统服务的驱动因素主要有人类社会对生态系统服务价值的认知水平和不同类型生态系统服务参与市场机制的程度。如《生态系统与人类福祉:现状与趋势》报告中指出一些谷类作物等方面的生态系统服务功能的提高是以损害淡水资源和调控害虫为代价的,且许多地区由于对淡水的需求量远大于供给量,已形成严重水资源"赤字"。李屹峰等研究发现,人类为了追求经济发展带来的建筑用地面积增加大幅度削弱了密云水库流域的淡水供给服务和水质净化服务。管理学中，生态系统服务研究追求的是总体效益最大化且可持续供给，驱动因素主要是政府政策和一些管理行为。如 Prato 和 Martin-Lopez 等研究了政府政策和管理政策对生态系统服务的影响，前者发现美国蒙大拿州西北部地区严格的土地管理政策有利于区域生态系统服务效益最大化，后者发现政府政策能够对生态系统服务的保护程度造成影响。Keller 等提出多目标分析方法可以用来平衡土地管理政策对多种生态系统服务的影响，从而实现土地生态系统服务功能的优化。Lawler 等和 Lamarque 等也研究了政府政策和管理行为对生态系统服务的影响，前者发现了潜在市场驱动力对土地利用/覆被变化和生态系统服务的影响，后者则发现了土地系统规划对生态系统服务以及生态系统服务簇的影响。另外，Jones 等通过调查森林面积比例与氮磷污染之间的关系，设计了景观格局，以最大化生态系统服务。地理学中，对生态系统服务的研究更加注重提高服务能力和稳定生态系统的结构和功能。驱动因素主要包括生态系统内部和外部的自然和生态环境因素。研究的重点是如何实现生态系统服务管理与生态系统服务之间的权衡与协同关系，如 Ndehedehe 等、Zhao 等和 Mina 等分别探究了碳储存、木材生产和生物多样性对气候变化和土地利用/覆被变化的响应。Bradford 等研究发现增大美国明尼苏达州的林分密度能够提升生态系统服务价值，进而减少各种生态系统服务之间的冲突。而李屹峰等研究表明，生态系统服务的变化与局部降水、土壤理化性质、蒸发和渗透，以及其他环境机制之间有着密切的关系。总体来看，生态系统服务在不同学科角度上受各种因素的影响，但各学科之间的生态系统服务驱动机制往往存在着某种交叉与联系，因此开展生态系统服务各学科中的驱动机制研究，实现各学科之间理论与方法的融合对生态系统服务优化研究、科学制定服务权衡决策具有重要意义。

1.2.4　气候变化和人类活动对生态系统服务的影响的研究进展

气候变化通过改变生态系统的结构和过程来影响生态系统服务。而人类活动通过外力施加影响改变生态系统，然后对农业景观中的生态系统服务产生一定影响，从而影响生态系统服务。如 Su 等指出，大气中 CO_2 等温室气体的变化和人类活动会影响生态系统服务。Kirchner 等指出影响生态系统服务的两个重要驱动力是人类活动和气候变化。另一方面，人类活动通过不同的土地利用策略影响生态系统，改变生态系统过程，从而影响生态系统服务，例如，森林和草地的破坏会改变生物地球化学循环，增加土壤养分流失和土壤侵蚀，导致生态系统服务的退化，不同的土地利用/覆被类型提供不同的生态系统服务，耕地可以增加粮食作物的供给服务，林地和草地可以改善土壤侵蚀，提高生态系统的净初级生产力。因此，土地利用/覆被变化是反映人类活动水平的一个重要因素，已被确定为生态系统服务功能变化的驱动力之一，Zhai 等在研究生态系统水源涵养服务演变的影响规律时发现，气候变化和土地利用/覆被变化对我国生态系统水源涵养服务的影响较大。因此，气候变化和土地利用/覆被变化是影响生态系统服务较显著和直接的因素。

全球气候变化使大部分生态系统服务的供给能力降低。如 Jägerbrand 等和 Fernandino 等研究了气候变化对生态系统服务的影响，前者通过模拟环境变化发现气候变化是苔藓和地衣等生物多样性下降的主要原因，后者则发现气候变化改变了大气和海洋的生态过程；Lobell 等也发现气候变化导致全球玉米和小麦产量的显著下降，且其对粮食产量等供给服

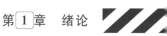

务的消极影响足以抵消施肥和其他因素对供给服务产生的积极影响。此外,气候变化中极端天气也会影响生态系统服务的脆弱性,如 Rahman 等研究了热带气旋对红树林森林生态系统服务的影响,发现极端气候引起的热带气旋能够使土地长期失去生产能力,给森林生态系统服务造成越来越大的压力,最终可能影响红树林的生物多样性。Wood 等指出,极端气候现象会影响鸟类在迁徙期间提供的生态系统调节服务,并对水文生态系统服务造成影响。另一方面,为了应对全球气候变化对生态系统服务造成的消极影响,人们势必会改变生态系统服务的管理方式及可持续性,并通过采取一些措施来减轻这种消极影响,以期做到综合研究社会-生态系统。

关于土地利用/覆被变化对生态系统服务的影响,学者们在不同国家不同时空尺度内开展了大量研究。Haase 等综合研究了德国城市化地区生物多样性、气候调节功能、文化服务功能等 5 种生态系统服务之间的相互关系,结果表明土地利用/覆被变化导致了各生态系统服务之间的权衡与协同关系。且国外学者比较关注土地利用/覆被变化引起的土壤理化性质和生态特征的改变,如 Sainju 等研究了美国佐治亚州的土地耕作方式、覆盖作物和氮肥对砂质土壤中有机碳和氮浓度的长期影响,发现土地利用方式等人类活动会给土壤的理化性质带来显著的变化。此外,土地利用/覆被变化也有可能导致土壤有机碳储量的降低,导致大气中温室气体排放的增加,进而使全球气候变暖加剧。国内学者认为,土地利用/覆被变化对生态系统服务的影响主要是由生物多样性、生态系统过程和生境的变化造成的,且研究侧重于土地利用/覆被类型面积的变化对生态系统服务的影响。如 Sun 等和 Yang 等对比分析了不同土地利用/覆被类型下的生态系统服务,前者旨在判别土地优化政策,后者则根据退耕还林还草项目实施前后的土地利用/覆被类型的变化情况,分析生态系统服务及其权衡与协同关系的变化。此外,也有一些研究试图探索土地利用与生态系统服务的相关关系,如喻建华等研究发现,土地利用/覆被类型面积的变化会引起生态系统服务价值的变化,而王军等指出,土地利用格局与生态系统服务之间的关系并不是简单的线性关系。

在自然生态系统中,气候变化和土地利用/覆被变化等人类活动是同时发生的,且两者对生态系统服务的影响并非简单的线性关系或单独影响。因此,国内外学者通常将气候变化与土地利用/覆被变化结合,来探究两者对生态系统服务的综合影响。如 Hoyer 等将气候变化和城市化结合起来,运用 InVEST 模型评估了在两者共同影响下淡水生态系统服务的变化,Khan 等进一步分析了气候和土地利用/覆被变化对生态系统服务的影响。此外,Martinez-Harms 等也探究了全球变化下的土地利用和生态系统服务情景。研究方法上,学者们常用多情景模拟分析,从不同时空尺度上探索气候变化和土地利用/覆被变化等驱动因子对生态系统服务的影响。Shoyama 等和 Wu 等通过多情景模拟分析探究了多种因素对生态系统服务的影响,前者设置了林地演替、自然干扰、土地利用和气候变化 4 种发展情景,后者则基于 19 种土地利用/覆被类型构建多种发展情景评价生态系统服务,以期实现土地利用优化。但此方法不包含土地利用转换机制,与实际土地利用/覆被变化情况不符,因此应将情景模拟分析与土地利用模拟模型结合起来探究生态系统服务的驱动机制。另外,人类系统-大气系统-土地系统是一个复杂的综合系统,它们之间存在着复杂的耦合机制。如气候变化引起植被碳汇和净初级生产力发生变化,生态建设、土地利用/覆被变化等人类活动通过生物地球化学途径影响大气系统,进而影响生态系统服务。因此,进行"土地利用-气候变化-生态系统服务-人类福祉"耦合关系的研究,对优化土地利用空间格局,减缓和适应气候变化的同时长期维持和改善生态系统服务与人类福祉非常重要,这是实现区域可持续发展的必由之路。

1.2.5　研究评述

国内外已对生态系统服务功能的评估及其权衡与协同关系开展了大量卓有成效的研究,形成了丰富的研究成果并正在不断完善生态系统评估方法,拓展生态系统服务功能评估理论与实践的结合点,使科学研究成果指导区域生态修复、国土空间规划等实践。通过分析现有国内外文献,以下4点可为本书提供支撑。

(1)InVEST模型为国内外评估生态系统服务功能的主要工具之一。InVEST模型因其模型参数少、数据要求较低,是应用最多的生态系统服务功能评估模型,并广泛应用于国内外流域和景观尺度生态系统服务功能评估。本书选择InVEST模型作为评估生态系统服务功能的主要工具和方法,具有一定的权威性,其结果具有一定的可靠性。

(2)生态系统服务权衡与协同的尺度效应的研究相对滞后,大多集中在行政区划尺度和整体尺度上探究生态系统服务,同时对权衡与协同关系研究多基于统计关系的数量分析,来反映区域的整体差异性,缺少区域内部时空差异的空间表达和生态系统服务关系形成的内在机制以及对自然生态系统内部异质性的研究。

(3)区域生态系统服务功能变化对土地利用/覆被变化的敏感性研究有待进一步强化。土地利用/覆被变化与生态系统服务功能的密切关系已经被国内外研究者所证实,土地利用/覆被变化(包括数量和结构的变化)是生态系统服务功能变化的主要原因之一。研究土地利用/覆被变化对生态系统服务功能的影响,有助于揭示生态系统服务功能的内在机制,定量分析不同土地利用/覆被类型相互转换时生态系统服务功能的增减差异,可以明确反映土地利用/覆被变化过程对生态系统服务功能的影响。从更加综合的视角研究区域生态系统敏感性变化的过程与特征。

(4)草地生态系统服务功能的重要性已得到学界公认,但是草地生态系统服务功能对陆地生态系统服务功能的贡献程度尚未定量化研究。现有对草地生态系统服务功能的研究多将草地单独作为研究对象而忽略了草地与其他生态系统的整体性,生态系统服务功能更多的是一种结构性功能,因此可以将草地生态系统服务功能的贡献进行定量化表达,探究各生态系统服务功能与综合生态系统服务功能的关系,明确其贡献方向和贡献程度以及不同结构的贡献能力对深入认识生态系统服务功能具有重要意义,需要进一步关注。

1.3　研究内容

1. 黄河流域土地利用/覆被类型时空演变特征分析

使用1990—2018年土地利用/覆被变化图,基于土地转移矩阵及GIS空间描述法分析和识别黄河流域过去近30年间土地利用/覆被的变化及其相互转换方式和规模,刻画土地利用/覆被变化的重要区域和主要类型,重点分析草地的时空演变特征,分区域描述各类土地利用/覆被类型变化特征并结合自然环境和社会经济变化定性分析演变原因。

2. 黄河流域生态系统服务功能时空演变特征及其空间异质性研究

基于土地利用/覆被变化与生态系统服务的关联性,采用 InVEST 模型和 CASA 模型评估黄河流域 1990—2018 年产水量、碳储量、NPP、生境质量、土壤保持量 5 项生态系统服务功能值。应用空间统计分析方法统计其在不同区域、不同海拔、不同流域等研究层次和不同研究尺度上的空间分异特征,揭示黄河流域生态系统服务功能的空间异质性,分析不同土地利用/覆被类型的生态系统服务功能。

3. 黄河流域生态系统服务功能权衡与协同关系及其驱动机制研究

明确黄河流域全域尺度、二级流域尺度、典型样区(土地利用/覆被类型为草地)尺度的 5 项生态系统服务间的权衡与协同关系,进而明确权衡与协同关系的异同,揭示生态系统服务关系的尺度效应并明确权衡与协同关系随土地利用/覆被变化的变化趋势和差异性,探究草地生态系统服务功能在不同尺度权衡与协同关系中的作用,解释生态系统权衡与协同关系及其尺度效应的影响因素。基于格局分析和过程解析甄别关键驱动力,辨析和探讨驱动因素对不同生态系统服务或生态系统服务簇的影响强度和作用大小,从而深层次地揭示生态系统服务功能的权衡与协同驱动机制。

4. 不同情景下未来土地利用/覆被格局模拟及其生态系统服务功能评估与比较研究

在 CA-Markov 模型的支持下,模拟未来自然变化情景、生态保护情景以及耕地保护情景下土地利用/覆被格局,评估、量化各情景下生态系统服务功能,对比分析不同情景下生态系统服务功能的变化,基于此得到黄河流域生态系统服务功能未来的变化趋势与变化重点区域。

5. 黄河流域生态系统服务功能管理分区划定

引入生态系统服务簇的概念,根据各类生态系统服务功能水平以及相同权衡与协同关系划定生态系统服务功能分区,根据各分区(生态系统服务簇)内部各项服务功能特点,提出优化生态系统服务效益的对策和措施。

1.4　思路与技术路线

基于土地利用/覆被与生态系统服务功能密切关系的科学事实,重点采用 InVEST 模型评估黄河流域综合及草地生态系统服务功能并分析其时空变化规律,探究生态系统服务功能对草地利用转型的敏感性,通过对比分析不同土地利用/覆被类型生态系统服务功能,明晰草地对综合生态系统服务功能的贡献。在此基础上,探究黄河流域综合生态系统服务功能及草地生态系统服务功能的权衡与协同关系及其空间格局驱动因素;科学预测黄河流域未来土地利用/覆被变化及其生态系统服务功能变化,结合生态系统服务簇,划定黄河流域生态系统服务功能分区,并重点提出草地生态系统优化管理对策,为黄河流域生态文明建设以及高质量发展提供理论依据。本书技术路线如图 1-1 所示。

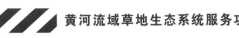

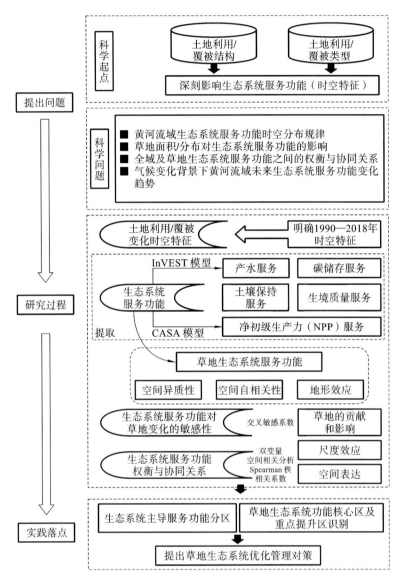

图 1-1　技术路线图

第 2 章
研究区概况
与研究方法

2.1 黄河流域概况

　　黄河是我国的第二大河流,发源于青藏高原巴颜喀拉山,流经青海、四川、甘肃、宁夏、内蒙古、山西、陕西、河南、山东 9 个省(自治区),在山东省垦利区注入渤海,干流全长 5464 km,落差 4480 m。黄河流域($32°\sim42°$ N,$95°\sim119°$ E)东西长约 1900 km、南北宽约 1100 km(图2-1)。黄河流域幅员辽阔,山脉众多,东西落差悬殊,各区地貌差异也很大,形成自西向东、由高及低三级阶梯,最高阶梯平均海拔 4000 m 以上,第二阶梯地势较平缓,黄土高原构成其主体,地形破碎,海拔 $1000\sim2000$ m;流域光照充足,太阳辐射较强;流域地区季节差别大,

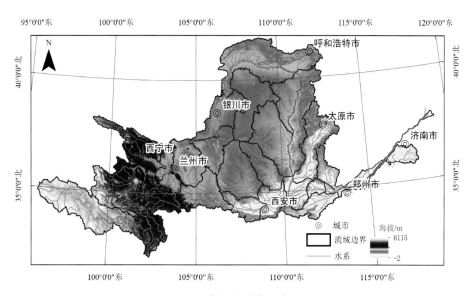

图 2-1　黄河流域地形地貌图

温差悬殊;降水集中,分布不均且年际变化较大,大部分地区年降水量为 200～650 mm,尤其受地形影响较大的南界秦岭山脉北坡,其年降水量一般可达 700～1000 mm,南、北平均年降水量之比大于 5;湿度小,蒸发量大;冰雹多,沙暴和扬沙较多。

根据黄河流域(片)水资源分区,全河一般划分为龙羊峡以上、龙羊峡至兰州、兰州至河口镇、河口镇至龙门、龙门至三门峡、三门峡至花园口、花园口以下和内流区 8 个二级流域分区和河源至玛曲等 29 个三级流域分区(图 2-2)。黄河主要支流包括白河、黑河、洮河、湟水、大黑河、窟野河、无定河、汾河、渭河、泾河、洛河、金堤河及大汶河共 13 条,是构成黄河流域面积的主体。黄河流域年径流量主要由大气降水补给。因受大气环流的影响,降水量较少,而蒸发量大,黄河多年平均天然年径流量为 580 亿 m³,仅相当于年降水总量的 16.3%,产水系数很低。天然年径流量仅占全国河川径流量的 2.1%,居全国七大江河的第四位。因受季风影响,黄河流域河川径流的季节性变化很大。夏秋河水暴涨,容易泛滥成灾,冬春水量很小,且降水少,径流的年内分布很不均匀。大面积水土流失导致黄河流域平均每年输入黄河下游的泥沙达 1.6×10^9 t,年最大输沙量达 3.9×10^9 t,为世界产沙河流之最。

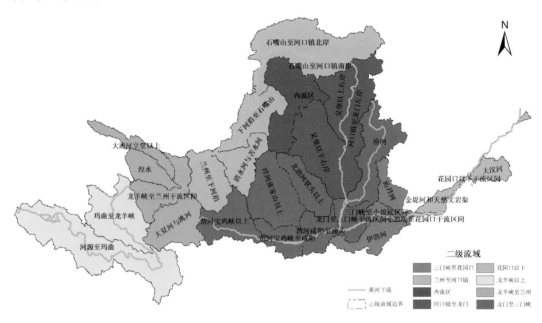

图 2-2　黄河流域的二级流域分区图

2.1.1　土地利用/覆被特征

黄河流域地处我国干旱半干旱和半湿润地区,草地是主要的土地利用/覆被类型,约占流域总面积的 50%。草地生态系统具有防风、固沙、保土、调节气候、净化空气、涵养水源等生态系统功能,是自然生态系统的重要组成部分。2018 年,黄河流域草地面积为 383191 km²,在流域大部分地区均有分布,主要分布在上游地区,其中,高覆盖度草地面积为 76125 km²,占整个流域草地面积的 19.87%,主要分布在若尔盖草原,中覆盖度草地和低覆盖度草地面积分别为 177395 km² 和 129671 km²,分别占整个流域草地面积的 46.29% 和 33.84%,主要分布在青藏高原以及黄土高原北部地区;林地面积为 106537 km²,主要分布在黄河上游以及中游秦岭、太行山区;耕地面积为 201492 km²,主要分布在中下游地区(图 2-3)。黄河流域是我国重要的粮食主产区,对中国粮食安全至关重要,上游的宁蒙河套平原、中游汾渭盆地以及下游引黄灌区都是全国主要的农业生产基地。

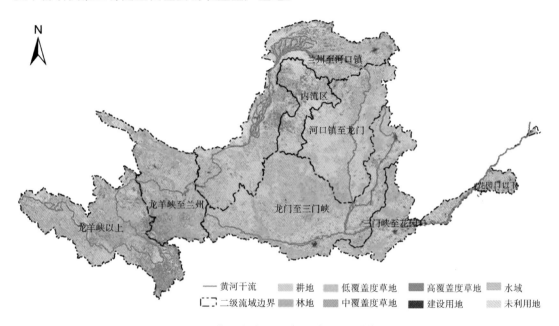

图 2-3　黄河流域 2018 年土地利用/覆被图

2.1.2　黄河流域草地概况

2018 年,黄河流域土地面积占全国陆地面积的 37.20%,草地面积占全国草地面积的 73.4%,是我国重要的草原分布区和草业发展区;拥有高寒草原、高寒草甸、高寒草甸草原、温性草原、温性荒漠、暖性灌草丛、热性草丛、低地草甸、山地草甸等草地类型,是世界著名的高寒草原生物多样性中心和草原水源涵养区。

上游青藏高原草地区:该区主要位于青藏高原,涉及青海、甘肃、四川 3 个省 12 个市(州)90 个县,土地面积约 105 万 km²。这个区域分布有三江源草原、甘南草原、阿坝草原、若尔盖草原、祁连山草原等多个草地区,是整个流域最重要的草原生态功能区。草地类型主要是以蒿草属植物为优势种的高寒草甸,约占整个黄河流域草地面积的 25.9%,另外,高寒草原约占整个黄河流域草地面积的 6.8%,还有极少量山地草甸(占 4.3%),也是青海省天然草地主体。存在的主要生态问题是自然条件恶劣,草原植被覆盖度下降,草原鼠害猖獗,"黑土滩"类型的草场退化严重,草地生态系统极为脆弱。

中游黄土高原草地区:该区是世界最大的黄土堆积区,主要包括山西、陕西、甘肃、青海、宁夏、内蒙古、河南 7 个省(自治区)38 个市(州)394 个县,面积约 60 万 km²,人口达 1.17 亿,是我国最主要的暖性草丛、暖性灌草丛草地类型分布区。其中温性草原约占全流域草地面积的 22.2%,温性荒漠约占 14.8%,低地草甸占 1.54%。该区域从土地利用形式角度看,是农业耕作区和畜牧业交错的地区,表现为有农有牧、时农时牧;从农业利用角度看,该区是黄河主要灌溉区;从生态建设角度看,由于水资源短缺,水土流失严重,生态环境恶化,该区域为我国最重要的退耕还林还草工程区。

下游黄淮海平原草地区:该区位于黄河流域的下游,是典型的冲积平原,主要由黄河、海河、淮河、滦河等携带的大量泥沙沉积所致,多数地方的沉积厚度达七八百米,最厚的开封、商丘、徐州一带达 5000 m,土地盐碱化和污染十分严重。该区涉及 2 个省 16 个市(州)137个县,总人口达 8613.3 万。天然草地面积约占整个黄河流域草地面积的 1.6%,草地类型主要为暖性灌草丛。

2.1.3 土壤质地特征

根据世界土壤数据库(HWSD)的中国土壤数据集(v1.1),黄河流域共包含 60 种土壤类型,主要土壤类型为石灰性雏形土、永冻薄层土,分别主要分布在黄土高原区域和黄河上游青藏高原地区。过渡性红砂土、石灰性砂性土、简育砂性土、黏化钙积土、潜育雏形土等分布面积也较大。

全流域有机碳含量(上层(0～30 cm)土壤属性)最高为 38.46%,高值区主要分布在秦岭地区(图 2-4(a)),上游大部分地区有机碳含量明显高于中下游地区。黏粒含量最高为 48%,平均黏粒含量为 21%,在黄河上游分布较少,大部分区域黏粒含量在 20% 以下(图 2-4(b)),主要分布在黄土高原区域,其他区域均高于 20%。沙粒含量高值区主要分布在毛乌素沙地(图 2-4(c)),可达 92%,黄河上游地区以及秦岭山区是沙粒含量低值区,黄土高原区域沙粒含量为 50% 左右。粉粒含量高值区主要分布在秦岭山地和河源地区(图 2-4(d)),接近100%,低值区主要分布在毛乌素沙地,其他区域为 50% 左右。

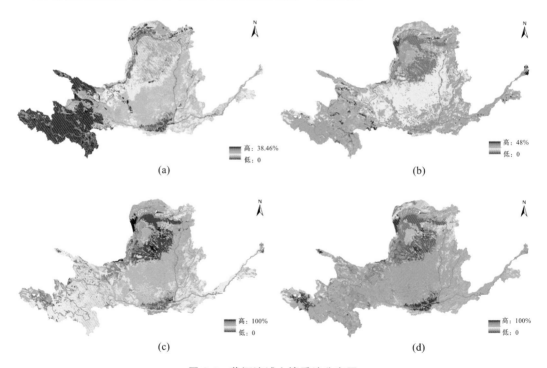

图 2-4　黄河流域土壤质地分布图

(a)有机碳含量;(b)黏粒含量;(c)沙粒含量;(d)粉粒含量

2.1.4　气候特征

黄河流域幅员辽阔,山脉众多,东西高差悬殊,各区地貌差异也很大。又由于黄河流域处于中纬度地带,受大气环流和季风环流影响的情况比较复杂,因此,流域内不同地区气候差异显著。黄河流域年平均气温为 $-13\sim16$ ℃(图 2-5),总的趋势是南高北低,东高西低,三门峡以下河南、山东境内达 $12\sim16$ ℃,为全流域最高。上游河源地区年平均气温低于-4 ℃,为全流域最低。从黄河流域年平均气温等值线分布图可以看出,年平均气温随纬度升高而降低,流域南部为 14 ℃左右,而北部仅 $2\sim3$ ℃。随海拔增高而递减,即地势越高,气温越低,自西向东由冷变暖,气温的东西向梯度明显大于南北向梯度。

黄河流域大部分地区年平均降水量为 $200\sim650$ mm(图 2-5),中上游南部和下游地区高于 650 mm,尤其受地形影响较大的南界秦岭山脉北坡,其年平均降水量一般可达 $700\sim1000$ mm,而深处内陆的西北宁夏、内蒙古部分地区,其年平均降水量不足 150 mm。降水量分布不均,南、北年平均降水量之比大于 5,超过我国其他河流。在空间上表现出自西南向东北递减的趋势,总体东高西低,南高北低。

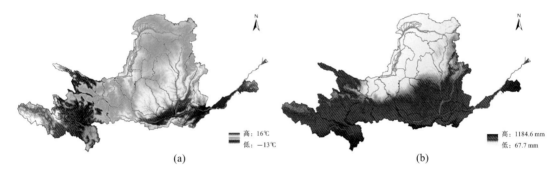

图 2-5　黄河流域年平均气温和年平均降水量空间分布图

(a)年平均气温;(b)年平均降水量

2.2　研　究　方　法

2.2.1　产水量

InVEST 模型中产水模块利用水量平衡原理,基于 Budyko 水热耦合平衡假设(1974)和年降水量数据,即各栅格的年降水量减去实际年蒸散发为研究区每个栅格 x 的年产水量Y_x,其计算公式如下:

$$Y_x = \left(1 - \frac{\text{AET}_x}{P_x}\right) \times P_x$$

$$\frac{\text{AET}_x}{P_x} = \frac{1 + w_x R_x}{1 + w_x R_x + \frac{1}{R_x}}$$

$$w_x = Z \times \frac{\text{AWC}_x}{P_x}$$

$$R_x = \frac{k_x \times \mathrm{ET}_{0x}}{P_x}$$

$$\mathrm{AWC}_x = \min(\mathrm{MSD}_x, \mathrm{RD}_x) \times \mathrm{PAWC}_x$$

上述公式中，Y_x 为栅格 x 的年产水量；由于年实际蒸散发无法直接测量获取，因此可以采用曲线对 AET_x/P_x 进行近似计算，R_x 为栅格 x 的干燥度指数，无量纲，可由年潜在蒸散发和年降水量进行计算；w_x 是一个经验参数，用来描述气候-土壤属性，可由植被可利用含水量和年降水量进行计算。AWC_x 是植被可利用含水量，由土壤质地和有效土壤深度决定，用来确定土壤为植物生长储存和提供的总水量。Z 称为 Zhang 系数，为经验常数，是一个代表季节降水分布和降水深度的参数。对于冬季降水为主的地区，Z 值接近 10，而对于降水均匀分布的湿润地区和夏季降水为主的地区，Z 值接近 1；ET_{0x} 是栅格 x 内的年潜在蒸散发，反映了气候条件下的蒸散能力，年潜在蒸散发的数据难以获得，通常采用温度法、辐射法和综合法对其进行计算。InVEST 模型采用 Modified-Hargreaves 方法对年潜在蒸散发进行计算；k_x 表示植被或者作物的蒸散系数，不同的土地利用/覆被类型有不同的蒸散系数；MSD_x 为最大土壤深度（max soil depth）；RD_x 为根系深度；PAWC_x 表示植物可利用含水率。

2.2.2 碳储量

InVEST 模型中碳储存模块将生态系统的碳储量划分为 4 个基本碳库：地上生物碳库（土壤以上所有存活的植物材料中的碳）、地下生物碳库（存在于植物活根系统中的碳）、土壤碳库（分布在有机土壤和矿质土壤中的有机碳）、死亡有机碳库（凋落物、倒立或站立的已死亡树木中的碳）。根据土地利用分类情况，分别对不同土地利用/覆被类型地上生物碳库、地下生物碳库、土壤碳库和死亡有机碳库的平均碳密度进行计算统计，然后用各个土地利用/覆被类型的面积乘以其平均碳密度并求和，得出研究区的总碳储量。其计算公式如下：

$$C_{\mathrm{total}} = C_{\mathrm{above}} + C_{\mathrm{below}} + C_{\mathrm{soil}} + C_{\mathrm{dead}}$$

式中，C_{total} 为流域总碳储量（t/hm²）；C_{above} 为地上生物碳储量（t/hm²）；C_{below} 为地下生物碳储量（t/hm²）；C_{soil} 为土壤碳储量（t/hm²）；C_{dead} 为死亡有机碳储量（t/hm²）。

基于各土地利用/覆被类型的平均碳密度和土地利用数据，流域内每种土地利用/覆被类型（i）的碳储量计算公式如下：

$$C_{\mathrm{total},i} = (C_{\mathrm{above},i} + C_{\mathrm{below},i} + C_{\mathrm{soil},i} + C_{\mathrm{dead},i}) \times A_i$$

式中，A_i 为该土地利用/覆被类型的面积。

流域内总碳储量为所有土地利用/覆被类型碳储量之和。

碳密度是 InVEST 模型准确评估碳储量非常重要的参数。本书不同土地利用/覆被类型碳密度数据来源于国家生态科学数据中心（http://www.cnern.org.cn/）并参考了部分文献（表 2-1）。本书碳密度主要考虑各土地利用/覆被类型地上部分、地下部分、土壤和死亡有机物碳密度。

表 2-1　不同土地利用/覆被类型各部分的碳密度　　　　单位：kg/m²

土地利用/覆被类型	地上部分	地下部分	土壤	死亡有机物
耕地	17	80.7	108.4	9.82

续表

土地利用/覆被类型	地上部分	地下部分	土壤	死亡有机物
林地	42.4	115.9	158.8	14.11
草地	35.3	86.5	99.9	7.28
水域	0.3	0	0	0
建设用地	2.5	27.5	0	0
未利用地	1.3	0	21.6	0

由于本书的碳密度数据来源于国家生态科学数据中心和一些地方的研究结果,并不是实际的测量结果,而碳密度值随气候、土壤性质和土地利用情况的不同而不同,所以需对其进行修正。国内外研究结果显示,生物量碳密度和土壤碳密度均与年降水量呈正相关,而与年平均气温呈弱相关,并且该公式通用程度较高。所以本书采用 Alam 研究中的公式作为修正降水量因子的公式,采用 Giardina、陈光水等研究中的公式作为修正年平均气温与生物量碳密度之间关系的公式。而现有文献对年平均气温与土壤碳密度的定量关系表达式尚未有详细记载,因此仅考虑年降水量对土壤碳密度的影响。

$$C_{SP} = 3.3968 \times P + 3996.1 \quad (R^2 = 0.11)$$
$$C_{BP} = 6.7981\,e^{0.00541P} \quad (R^2 = 0.70)$$
$$C_{BT} = 28 \times T + 398 \quad (R^2 = 0.47, p < 0.01)$$

式中,C_{SP} 为根据年降水量得到的土壤碳密度(kg/m²);C_{BP}、C_{BT} 分别是根据年降水量和年平均气温得到的生物量碳密度(kg/m²);P 是年降水量(mm);T 是年平均气温(℃)。

分别将黄河流域和全国的年平均气温和年降水量(2000—2018 年,全国尺度和黄河流域年平均气温、年降水量分别为 7.56 ℃、673.9 mm 和 7.05 ℃、449.4 mm)代入上述公式,二者之比为修正系数,全国的碳密度数据与修正系数的乘积为黄河流域碳密度数据。

$$K_{BP} = \frac{C'_{BP}}{C''_{BP}}$$
$$K_{BT} = \frac{C'_{BT}}{C''_{BT}}$$
$$K_B = K_{BT} \times K_{BP}$$
$$K_S = \frac{C'_{SP}}{C''_{SP}}$$

式中,K_{BP}、K_{BT} 分别为生物量碳密度的降水因子和气温因子修正系数;C'_{BP} 和 C''_{BP} 分别为黄河流域与全国尺度根据年降水量得到的生物量碳密度数据;C'_{BT} 和 C''_{BT} 分别为黄河流域与全国尺度根据年平均气温得到的生物量碳密度数据;C'_{SP} 和 C''_{SP} 分别为黄河流域与全国尺度根据年平均气温得到的土壤碳密度数据;K_B、K_S 分别为生物量碳密度修正系数和土壤碳密度修正系数。

由此得到的年降水量和年平均气温修正的黄河流域不同土地利用/覆被类型的碳密度见表 2-2。

表 2-2　年降水量和年平均气温修正的黄河流域不同土地利用/覆被类型的碳密度

单位:kg/m²

土地利用/覆被类型	地上部分	地下部分	土壤	死亡有机物
耕地	4.94	23.45	31.49	2.84
林地	12.32	33.67	46.14	4.09
草地	10.26	25.13	29.03	2.19
水域	0.09	0	0	0
建设用地	0.73	7.99	0	0
未利用地	0.38	0	6.28	0

2.2.3　土壤保持量

根据 InVEST 模型中土壤保持模块的计算原理,土壤保持量包括侵蚀减少量和泥沙持留量两个部分。前者表示各地块自身潜在侵蚀地减少,以潜在侵蚀与实际侵蚀之差表达;后者表示地块对来自上坡泥沙的持留,以来沙量和泥沙持留效率的乘积表达。模型计算公式如下:

$$\text{SEDRET}_x = \text{RKLS}_x - \text{USLE}_x + \text{SEDR}_x$$

$$\text{RKLS}_x = R_x \times K_x \times \text{LS}_x$$

$$\text{USLE}_x = R_x \times K_x \times \text{LS}_x \times P_x \times C_x$$

$$\text{SEDR}_x = \text{SE}_x \sum_{y=1}^{x-1} \text{USLE}_y \prod_{z=y+1}^{x-1} (1 - \text{SE}_z)$$

式中,SEDRET_x、RKLS_x、USLE_x、SEDR_x 和 USLE_y 分别为栅格 x 的土壤保持量、潜在土壤侵蚀量、考虑了管理和工程措施后的实际侵蚀量、泥沙持留量和考虑了管理和工程措施后上坡栅格 y 的实际侵蚀量,单位均为 t;R_x、K_x、LS_x、C_x、P_x 分别为栅格 x 的降水侵蚀因子、土壤可侵蚀性因子、坡度坡长因子、植被覆盖管理因子和水土保持措施因子;SE_x 和 SE_z 分别为栅格 x 和栅格 z 的泥沙持留量。

降水侵蚀因子(R)表征降水引起土壤发生侵蚀的潜在能力,可以使用多种方法和公式根据气候数据计算,经过比较各种计算方法及数据参数的获取情况比,本书采用 Wishmeier 月尺度计算公式:

$$R = \sum_{i=1}^{12} \left[1.735 \times 10^{\left(1.5 \times \lg \frac{P_i^2}{P} - 0.8188\right)} \right]$$

式中,P 表示年降水量(mm);P_i 表示月降水量(mm),R 的单位是 100 ft·t·in/(ac·h·a),将这个单位转换成国际单位 MJ·mm/(hm²·h·a),需乘以系数 17.02。

土壤可侵蚀性因子(K)表征土壤颗粒被水力分离和搬运的难易程度,是反映土壤对侵蚀敏感程度的指标。本书采用 Williams 等建立的 EPIC 模型公式计算:

$$K = \left\{ 0.2 + 0.3 \times \exp\left[-0.0256 \times \text{SAN}\left(1 - \frac{\text{SIL}}{100}\right) \right] \right\} \left(\frac{\text{SIL}}{\text{CLA} + \text{SIL}} \right)^{0.3}$$

$$\times \left[1 - 0.25 \times \frac{C}{C + \exp(3.72 - 2.92C)} \right]$$

$$\times \left\{ 1 - 0.7 \times \frac{1 - \dfrac{SAN}{100}}{1 - \dfrac{SAN}{100} + \exp\left[22.9 \times \left(1 - \dfrac{SAN}{100}\right) - 5.51\right]} \right\}$$

式中,SAN、SIL、CLA 分别为沙粒、粉粒及黏粒的含量(%);C 为有机碳的含量(%)($=$ 有机质百分比含量/1.724)。计算过程中将土壤颗粒含量乘以 100,计算出的 K 值除以 7.59 则得到国际单位制的土壤可蚀性因子值。

坡度坡长因子(LS)是在相同条件下,每单位面积坡面土壤流失量与标准小区(坡长 22.13 m,坡度 9%)流失量的比值,反映坡长、坡度等对土壤侵蚀的影响,模型中对 LS 的计算使用 Desmet 和 Gover 的二维地表计算方法:

$$LS = S_i \frac{(A_{i-in} + D^2)^{m+1} - A_{i-in}^{m+1}}{D^{m+2} \times x_i^m \times 22.13^m}$$

式中,S_i 表示栅格单元坡度因子,当坡度 $\theta < 9\%$ 时,$S = 10.8 \times \sin\theta + 0.03$,当坡度 $\theta \geqslant 9\%$ 时,$S = 16.8 \times \sin\theta - 0.5$;$A_{i-in}$ 表示栅格径流入口以上产沙区域面积(m^2);D 表示栅格分辨率;$x_i = |\sin\alpha_i| + |\cos\alpha_i|$,$\alpha_i$ 表示栅格单元的输沙方向;m 表示长度指数因子(RUSLE)。

植被覆盖管理因子(C)指特定植被覆盖与管理状态下土壤侵蚀量与实施清耕的连续休闲地土壤侵蚀量的比值。本书采用蔡崇法等提出的植被覆盖管理因子计算方法,具体如下:

$$\begin{cases} C = 1 & c = 0 \\ C = 0.6508 - 0.3436 \times \lg c & 0 < c \leqslant 78.3\% \\ C = 0 & c > 78.3\% \end{cases}$$

$$c = 108.49N + 0.717$$

式中,C 表示植被覆盖管理因子;c 表示植被覆盖度;N 为归一化植被指数。

水土保持措施因子(P)指采取特定水土保持措施时的土壤侵蚀量与不采取任何控制措施的顺坡耕作时相应土壤侵蚀量的比值,取值范围为 0~1,0 表示水土保持措施最好,基本不会发生侵蚀的地区;1 表示未采取任何控制措施的地区。根据其他地区的研究结合黄河流域不同地形条件下的耕作方式,本书根据土地利用/覆被类型对 P 进行赋值(表 2-3)。

表 2-3 黄河流域不同土地利用/覆被类型的 P 取值

土地利用/覆被类型	林地	耕地	草地	水域	建设用地	未利用地
P	1	0.4	1	0	0	0

2.2.4 生境质量

本书应用 InVEST 模型中的生境质量模块评估并绘制了黄河流域的生境质量图。生境质量模块是将生境质量作为与不同土地利用/覆被类型相关的生物多样性代表,该模块的假设如下:生境质量较高的地区可以支撑较高的物种丰富度,生境质量的下降将导致物种多样性的下降。生境质量计算包括 4 个函数,即每种威胁因子的相对影响、每种土地利用/覆被类型对每种威胁因子的相对敏感性、土地利用/覆被类型与威胁因子之间的距离和土地受到法律保护的程度。首先计算生境退化度,公式如下:

$$D_{xj} = \sum_{r=1}^{R} \sum_{y=1}^{yr} \left(\frac{w_r}{\sum\limits_{r=1}^{R} w_r} \right) r_y \times i_{rxy} \times \beta_x \times S_{jr}$$

$$i_{rxy} = 1 - \left(\frac{d_{xy}}{d_{r,\max}}\right) \text{（线性衰退）}$$

$$i_{rxy} = \exp\left(-\left(\frac{2.99}{d_{r,\max}}\right)d_{xy}\right) \text{（指数衰退）}$$

式中，D_{xj}、R、w_r、yr、rxy分别表示生境退化度、威胁因子个数、威胁因子r的权重、威胁因子的栅格数和栅格上威胁因子的值；i_{rxy}表示栖息地与威胁因子之间的距离及威胁对空间的影响；β_x是通过各种保护政策来减轻威胁对栖息地影响的因素（即法律保护程度，受法律保护的区域β_x为0，其余区域β_x为1）；S_{jr}为土地利用/覆被类型j对威胁因子r的敏感性；d_{xy}为栅格x与栅格y的直线距离；$d_{r,\max}$为威胁因子r的最大影响距离。计算得到的分值越高，说明威胁因子对生境造成的威胁程度越大，生境退化度越高。

基于上述生境退化度结果，生境质量评估公式如下：

$$Q_{xj} = H_j\left[1 - \left(\frac{D_{xj}^z}{D_{xj}^z + k^z}\right)\right]$$

式中，Q_{xj}为土地利用/覆被类型j中栅格x的生境质量指数；H_j为土地利用/覆被类型j的生境适宜度，取值范围为0～1；k为半饱和常数，一般为生境退化度最大值的1/2；z为归一化常量，通常设置为2.5。

该模块中需输入的数据主要有土地利用/覆被类型、主要威胁因子、威胁因子的权重和最大影响距离、土地利用/覆被类型对每种威胁因子的敏感性等。本书参考InVEST模型用户指南手册和前人的研究成果进行设置，具体参数设置如表2-4、表2-5所示。

表 2-4　威胁因子的权重和最大影响距离

土地利用类型	威胁因子的最大影响距离/km	威胁因子的权重	衰退类型
城镇用地	10	1.0	指数
农村居民用地	8	0.8	指数
其他建设用地	9	0.9	指数
耕地	6	0.6	线性
未利用地	4	0.4	线性

表 2-5　各土地利用/覆被类型对威胁因子的敏感性

土地利用/覆被类型	生境适宜度	敏感性				
		城镇用地	农村居民用地	其他建设用地	耕地	未利用地
耕地	0.3	0.8	0.6	0.7	0	0.4
林地	1.0	0.8	0.7	0.7	0.6	0.2
草地	1.0	0.7	0.5	0.6	0.5	0.6
水域	0.9	0.7	0.6	0.7	0.4	0.4
建设用地	0	0	0	0	0	0
未利用地	0.6	0.6	0.5	0.6	0.4	0

2.2.5 植被净初级生产力

植被净初级生产力(NPP)表征绿色植被的生产能力,是生态系统碳循环和能量流动的一项重要参数,本书采用 CASA 模型 ENVI(Environment for Visualizing Images,为一套功能齐全的遥感图像处理系统)遥感估算模块对黄河流域的 NPP 进行评估,该方法具有参数简洁和将植被分类对评估结果的影响考虑在内的优点,该模型由于参数容易获取和操作简单,已被广泛应用于 NPP 的估算。该方法的计算公式如下:

$$NPP = APAR \times \varepsilon$$
$$APAR = SOL \times FPAR \times 0.5$$
$$FPAR = min \left(\frac{SR - SR_{min}}{SR_{max} - SR_{min}}, 0.95 \right)$$
$$SR = \frac{1 + NDVI}{1 - NDVI}$$
$$\varepsilon = T_{\varepsilon 1} \times T_{\varepsilon 2} \times W_{\varepsilon} \times \varepsilon_{max}$$

式中,NPP、APAR、ε 分别表示植被净初级生产力(gc/m^2)、吸收的光合有效辐射(MJ/m^2)和实际光利用率(gc/MJ);SOL、FPAR 分别为太阳总辐射量(MJ/m^2)和植被对光合有效辐射的吸收比率;常数 0.5 表示植被利用的太阳辐射率;SR_{min} 取值为 1.08,SR_{max} 取值与植被类型有关;NDVI 表示植被覆盖度;$T_{\varepsilon 1}$、$T_{\varepsilon 2}$ 和 W_{ε} 分别为低温、高温和水分条件对实际光利用率的影响,具体算法参考朴世龙等、朱文泉等和穆少杰等发表的文章。

2.2.6 生态系统服务价值评估

生态系统服务价值当量因子定义为 1 hm^2 全国平均产量的农田每年自然粮食产量的价值,经过综合比较分析,一个生态系统服务价值当量因子的价值等于当年全国粮食单产市场价值的 1/7。根据下式和黄河流域主要粮食作物基础数据计算出黄河流域一个生态系统服务价值当量因子的价值为 232.16 USD/($hm^2 \cdot a$):

$$M = \frac{m \times n}{7}$$

式中,M 为黄河流域一个生态系统服务价值当量因子的价值;m 为黄河流域主要粮食作物的平均单价;n 为黄河流域 1 hm^2 粮食作物的平均产量。利用下式并结合谢高地等制订的中国草地生态系统服务价值当量表计算黄河流域草地生态系统服务功能价值:

$$P_i = M \times d_i$$

式中,P_i 为黄河流域草地生态系统服务功能基准单价;M 为黄河流域一个生态系统服务价值当量因子的价值;$i = 1, 2, 3, \cdots, 9$,分别代表食物生产、原材料生产、水调节、土壤保持、废物处理、气体调节、气候调节、生境维持、休息娱乐 9 个生态系统服务功能。

采用下式和黄河流域不同草地类型生物量计算黄河流域不同草地类型的生态系统服务价值:

$$P_{ij} = \frac{b_j}{B} \times P_i$$

式中,P_{ij} 为黄河流域草地单位面积生态系统服务价值;b_j 为 j 类草地的生物量;B 为全域草地单位面积生物量;P_i 为黄河流域草地生态系统服务功能基准单价;$j = 1, 2, 3, \cdots, 15$,分别代表温性草甸草原、暖性灌草丛、温性草原、暖性草丛、改良草地、山地草甸、低地草甸、沼泽、高寒草甸、温性荒漠、温性草原化荒漠、热性草丛、温性荒漠草原、高寒草原、高寒草甸草原。

采用下式和各类草地面积计算出黄河流域草地生态系统服务总价值：

$$T_{ij} = P_{ij} \times A_j$$

式中，T_{ij} 为黄河流域草地生态系统服务总价值；P_{ij} 为黄河流域草地单位面积生态系统服务价值；A_j 为黄河流域不同草地类型面积。

2.2.7 空间统计分析

莫兰指数（Moran's I）反映空间邻接或空间邻近区域单元属性值的相似程度，本书通过 GeoDa 软件分析流域各网格单元之间生境质量的空间关联性。冷热点分析（hot spot analysis(Getis-Ord G_i^*)）用以衡量生境质量空间变化的聚集与分异特征，探究空间变化是否具有高值集聚（热点）和低值集聚（冷点）的现象，通过冷热点分析，可以确定生境质量高值区或低值区在空间上发生聚类的位置，计算公式如下：

$$\text{Moran's } I = \frac{n \sum_{i=1}^{n} \sum_{j=1}^{n} w_{ij}(x_i - \overline{x})(x_j - \overline{x})}{\sum_{i=1}^{n}(x_i - \overline{x})^2 (\sum_{i=1}^{n} \sum_{j=1}^{n} w_{ij})}$$

$$Z(G_i^*) = \frac{\sum_{j=1}^{n} w_{i,j} x_j - X \sum_{j=1}^{n} w_{i,j}}{s \sqrt{\frac{\left[n \sum_{j=1}^{n} w_{i,j}^2 - (\sum_{j=1}^{n} w_{i,j})^2\right]}{n-1}}}$$

$$X = \frac{1}{n} \sum_{j=1}^{n} x_i, \quad S = \sqrt{\frac{1}{n} \sum_{j=1}^{n} x_j^2 - x^2}$$

式中，Moran's I 为莫兰指数；n 为研究区的空间网格单元数量；x_i 和 x_j 分别为空间单元 i 和空间单元 j 的观测值，$(x_i - \overline{x})$ 为第 i 个空间单元上的观测值与平均值的偏差；w_{ij} 为空间单元 i 和 j 的权重矩阵。Moran's I 的取值一般在 $[-1,1]$，小于 0 表示在空间呈负相关，大于 0 表示在空间呈正相关，等于 0 表示在空间不相关，随机分布。

局部自相关分析能细化分析空间局部的特征和变化，最常用 Moran 散点图和 LISA 聚类图进行可视化分析。Moran 散点图分四个象限：第一象限是高-高集聚（H-H），表明区域自身和周边地区的生态系统服务功能均较高；第二象限是低-高集聚（L-H），表明生态系统服务功能较低的地区被周边生态系统服务功能较高的地区包围；第三象限是低-低集聚（L-L），表明区域自身和周边地区的生态系统服务功能均较低；第四象限是高-低集聚（H-L），表明生态系统服务功能较高的地区被周边生态系统服务功能较低的地区包围。第一、三象限为典型区域，而第二、四象限为非典型区域。局部莫兰指数（local Moran's I）计算公式如下：

$$I_i = z_i \sum_{j=1}^{n} w_{ij} z_j$$

式中，z_i、z_j 分别为空间单元 i 和 j 标准化的观测值向量；w_{ij} 为空间单元 i 和 j 的权重矩阵；n 为研究区域的总数。

2.3　数据来源与处理

2.3.1　InVEST 模型输入数据来源

本研究选取的 InVEST 模型中的产水、碳储存、土壤保持、生境质量 4 个模块,各模块数据需求如表 2-6 所示。

表 2-6　主要数据类型与数据来源汇总表

主要数据类型	单位	格式	数据来源
产水模块			
降水量	mm	Grid(1000×1000)	中科院地理空间数据云
潜在蒸散发	mm	Grid(1000×1000)	全球干旱指数和潜在蒸散数据库
土壤质地	int	Grid(30×30)	HWSD
植物可利用含水率	%	Grid(30×30)	由土壤质地生成
土地利用/覆被类型图	int	Grid(1000×1000)	地理国情监测云平台
集水区/子集水区分布图	int	shp	由数字高程模型数据生成
根系深度	mm	dbf	中国 1:100 万土壤数据库
蒸散系数	—	dbf	联合国粮农组织,1998
碳储存模块			
土地利用/覆被类型图	int	Grid(1000×1000)	地理国情监测云平台
各土地利用/覆被类型碳密度	kg/m^2	dbf	InVEST 模型、参考文献
土壤保持模块			
数字高程模型数据	m	Grid(30×30)	地理空间数据云
降水侵蚀因子(R)	$MJ \cdot mm/(hm^2 \cdot h \cdot a)$	Grid(1000×1000)	根据降水量计算
土壤可侵蚀性因子(K)	$t \cdot hm^2/(MJ \cdot mm)$	Grid(1000×1000)	根据土壤质地计算
土地利用/覆被类型图	int	Grid(1000×1000)	地理国情监测云平台
集水区/子集水区分布图	int	shp	由数字高程模型数据生成
植被覆盖管理因子(C)	—	dbf	根据植被覆盖度(NDVI)计算
水土保持措施因子(P)	—	dbf	参考文献

主要数据类型	单位	格式	数据来源
生境质量模块			
土地利用/覆被类型图	int	Grid(1000×1000)	地理国情监测云平台
主要威胁因子	—	dbf	InVEST 模型、参考文献
威胁因子权重	—	dbf	InVEST 模型、参考文献
各土地利用/覆被类型对威胁因子的敏感性	—	dbf	InVEST 模型、参考文献

InVEST 模型需要输入的不同土地利用/覆被类型的蒸散系数、最大根系深度,通过参考他人研究成果、联合国粮农组织作物参考值和 InVEST 模型推荐的参数获得(表 2-7)。Zhang 系数是 InVEST 模型产水模块在评估产水量时需要输入的重要参数,该系数为季节因子,是表征降水特征的常数,由于黄河流域范围大,较难根据地表径流实测数据对模型预测结果进行校验,根据《黄河流域综合规划(2012—2030 年)》,1956—2000 年黄河流域多年平均河川天然径流量为 $534.8 \times 10^8 \, m^3$,经过多次模型运行,当 Zhang 系数为 3.6 时,1995年、2005 年和 2018 年平均产水量($569.8 \times 10^8 \, m^3$)比较接近实际情况,因此输入模型的 Zhang 系数确定为 3.6。

表 2-7 InVEST 模型不同土地利用/覆被类型的生物物理参数

土地利用/覆被类型	土地利用/覆被类型代码	蒸散系数	最大根系深度/mm
耕地	1	0.70	2100
林地	2	1	5200
高覆盖度草地	3	0.85	2600
中覆盖度草地	4	0.65	2300
低覆盖度草地	5	0.65	2000
水域	6	1	100
建设用地	7	0.3	100
未利用地	8	1	300

2.3.2 数据处理

1. 黄河流域潜在蒸散发

土地利用/覆被类型数据来源于地理国情监测云平台,空间分辨率为 1 km×1 km,根据刘纪远等提出的中国土地利用/覆被遥感分类系统对土地利用/覆被类型进行分类,共划分为耕地、林地、高覆盖度草地、中覆盖度草地、低覆盖度草地、水域、建设用地和未利用地 8 个一级土地利用/覆被类型和 19 个二级土地利用/覆被类型;潜在蒸散发数据来源于全球干旱指数和潜在蒸散数据库(Global Aridity and PET Database,https://cgiarcsi.community/

data/global-aridity and-pet-database/），然后根据黄河流域边界进行裁剪处理，得到黄河流域平均潜在蒸散发空间格局图(图 2-6)。

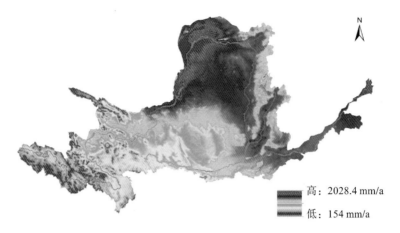

高：2028.4 mm/a

低：154 mm/a

图 2-6　黄河流域平均潜在蒸散发空间格局图

2. 黄河流域土壤侵蚀各因子

月降水量数据来源于国家青藏高原科学数据中心(https://data.tpdc.ac.cn)中国1 km分辨率逐月降水量数据集(doi:10.5281/zenodo.3185722)，使用月度数据通过栅格求和得到年降水量数据，根据土壤侵蚀因子公式得出降水侵蚀因子(R)(图 2-7(a))；土壤的最大根系深度，土壤沙粒、粉粒、黏粒、有机碳含量来源于中国科学院寒区旱区科学数据中心1：100 万土壤数据库，在 ArcGIS10.2 中用栅格计算器计算得到土壤可侵蚀性因子(K)栅格分布图(图 2-7(b))；坡度坡长因子(LS)栅格分布图是从 InVEST 模型评估结果中提取的(图 2-7(c))；根据公式分别计算得到植被覆盖管理因子(C)和水土保持措施因子(P)，在 ArcGIS10.2 中用栅格相乘求得植被管理因子(CP)(图 2-7(d))。

3. 地形起伏度

利用 ArcGIS10.2 对海拔、坡度、地形起伏度和地形位指数进行分级处理，为避免面积不均对结果造成影响，参考现有文献按照分位数法将地形起伏度和地形位指数划分为五级。根据划分的五级体系分别提取各等级的草地生态系统服务价值，最终通过分区统计求得平均海拔、坡度、地形起伏度和地形位指数。按照其数值大小分别命名为Ⅰ、Ⅱ、Ⅲ、Ⅳ和Ⅴ级(表 2-8)，空间分布如图 2-8 所示。

表 2-8　海拔、坡度、地形起伏度和地形位指数分级标准

级别	海拔/m	坡度/(°)	地形起伏度/m	地形位指数
Ⅰ	＜817	＜2.87	＜38	＜0.64
Ⅱ	817～＜1604	2.87～＜7.40	38～＜88	0.64～＜1.10
Ⅲ	1604～＜2669	7.40～＜12.67	88～＜144	1.10～＜1.58
Ⅳ	2669～＜3855	12.67～＜20.08	144～＜226	1.58～＜2.11
Ⅴ	3855～6250	20.08～60.95	226～955	2.11～3.67

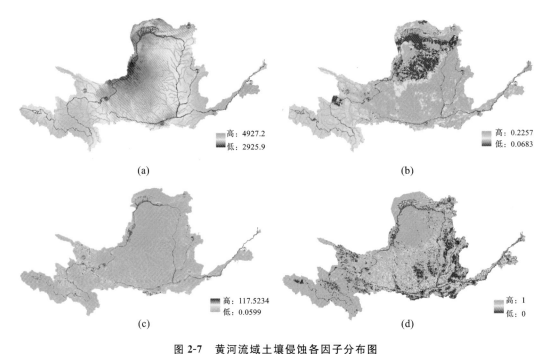

图 2-7　黄河流域土壤侵蚀各因子分布图

(a)降水侵蚀因子(R)；(b)土壤可侵蚀性因子(K)；(c)坡度坡长因子(LS)；(d)植被管理因子(CP)

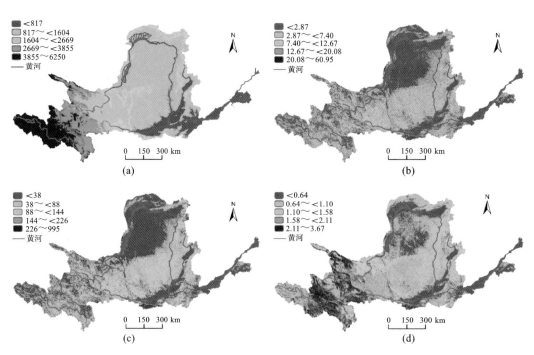

图 2-8　黄河流域海拔、坡度、地形起伏度和地形位指数空间特征

(a)海拔；(b)坡度；(c)地形起伏度；(d)地形位指数

其中地形起伏度，是指某一分析窗口内最高点与最低点间的高差，可反映宏观区域地表起伏特征，是定量描述地貌形态、划分地貌类型的重要指标。该指标主要利用 ArcGIS10.2 中栅格邻域计算工具获取，其计算公式如下：

$$地形起伏度 = A_{max} - A_{min}$$

式中，A_{max} 为分析窗口内的最大海拔（m）；A_{min} 为分析窗口内的最小海拔（m）。

地形位指数是复合分析空间任意一点海拔和坡度属性信息的指标，可综合反映出地形条件的空间分异。其计算公式如下：

$$T = \ln\left[\left(\frac{E}{E_0} + 1 \right) \times \left(\frac{S}{S_0} + 1 \right) \right]$$

式中，T 为地形位指数；E 及 E_0 分别为空间内任一栅格的海拔（m）和平均海拔（m）；S 及 S_0 分别为空间内任一栅格的坡度（°）和平均坡度（°）。一般来说，海拔低、坡度小的栅格地形位指数小，反之则地形位指数大。

第 3 章

黄河流域 1990—2018 年土地利用/覆被时空演变

　　土地利用/覆被变化与生态系统服务功能关系密切,土地利用/覆被类型在空间上的转换以及土地利用/覆被数量在时间上的变化均会导致生态系统服务的改变。因此,明晰黄河流域土地利用/覆被时空变化特征,探究土地利用/覆被类型组合及其变迁,研究过去不同土地利用/覆被类型的时空动态变化,是评估生态系统服务变化过程和机制的前提和基础。

3.1　黄河流域土地利用/覆被时空总体特征分析

3.1.1　时间变化特征

　　1990—2018 年,黄河流域主要土地利用/覆被类型均为耕地、林地和草地(高覆盖度草地、中覆盖度草地和低覆盖度草地),三种土地利用/覆被类型共占全流域总面积的 98% 左右,其中草地占全流域总面积的 50% 左右,是流域内面积最大、分布范围最广的土地利用/覆被类型。水域、建设用地和未利用地的面积较小,均不足全流域总面积的 10%(表 3-1)。29 年间,各土地利用/覆被类型面积均发生了不同程度的变化,其中变化幅度最大的土地利用/覆被类型为耕地和建设用地,耕地减少 8663 km²,建设用地增加 13109 km²。相比于水域、林地和草地,未利用地也发生了较大的变化,2018 年比 1990 年未利用地减少 8131 km²,林地共增加 3093 km²,草地共增加 738 km²。

　　分时间段来看(表 3-2),2000 年以前,黄河流域耕地呈增加趋势,10 年共增加 1758 km²,2000 年以后,耕地持续减少,减少量增加,从 2000—2010 年的 4364 km² 增加到 2010—2018 年的 6057 km²。这是因为伴随着快速城市化,部分耕地被用作建设用地,另外,2000 年以后,我国开始大规模实施退耕还林还草政策,这也加速了耕地的减少。2000 年以前,黄河流域工业化开始增速发展,同时退耕还林还草政策开始起效,减少的耕地主要转变为建设用地和草地,2000 年,黄河流域在快速城市化的背景下,耕地主要被用作建设用地。从 2000 年开

表 3-1　1990—2018 年黄河流域各期土地利用面积及比例

土地利用/覆被类型	1990 年 面积/km²	1990 年 占比	1995 年 面积/km²	1995 年 占比	2000 年 面积/km²	2000 年 占比	2005 年 面积/km²	2005 年 占比	2010 年 面积/km²	2010 年 占比	2018 年 面积/km²	2018 年 占比	面积变化值/km²
耕地	210155	26.45%	209887	26.41%	211913	26.66%	208113	26.18%	207549	26.11%	201492	25.35%	-8663
林地	103444	13.02%	98213	12.36%	103230	12.99%	105562	13.28%	105843	13.32%	106537	13.41%	3093
高覆盖度草地	77307	9.73%	71982	9.06%	79359	9.98%	80207	10.09%	80238	10.09%	76125	9.58%	-1182
中覆盖度草地	179488	22.59%	178888	22.51%	174526	21.96%	173361	21.81%	173507	21.83%	177395	22.32%	-2093
低覆盖度草地	125658	15.81%	141050	17.75%	126083	15.86%	124524	15.67%	124668	15.68%	129671	16.32%	4013
水域	13816	1.74%	12546	1.58%	13342	1.68%	13634	1.72%	13683	1.72%	13772	1.73%	-74
建设用地	15732	1.98%	16295	2.05%	17242	2.17%	18401	2.31%	18941	2.38%	28841	3.63%	13109
未利用地	69050	8.69%	65986	8.30%	69152	8.70%	71063	8.94%	70413	8.86%	60919	7.67%	-8131

始,林地从减少趋势转变为增加趋势,2000—2010 年增加量较大,达到 2613 km²,这也说明退耕还林还草政策的实施取得了巨大的成效,随着时间的推移,建设用地的增加规模不断扩大,流域内建设用地增加速度提升,这与黄河流域经济社会和城市化的发展趋势保持一致。

表 3-2　1990—2018 年黄河流域土地利用面积变化

土地利用/ 覆被类型	1990—2000 年		2000—2010 年		2010—2018 年	
	面积/km²	变化率	面积/km²	变化率	面积/km²	变化率
耕地	1758	0.84%	−4364	−2.06%	−6057	−2.92%
林地	−214	−0.21%	2613	2.53%	694	0.66%
高覆盖度草地	2052	2.65%	879	1.11%	−4113	−5.13%
中覆盖度草地	−4962	−2.76%	−1019	−0.58%	3888	2.24%
低覆盖度草地	425	0.34%	−1415	−1.12%	5003	4.01%
水域	−504	3.64%	341	2.56%	89	0.65%
建设用地	1510	9.60%	1699	9.85%	9900	52.27%
未利用地	102	0.15%	1261	1.82%	−9494	−13.48%

全流域高覆盖度草地减少,29 年间共减少 1182 km²,虽然 2010 年之前高覆盖度草地呈增加趋势,但 2010 年以后,高覆盖度草地迅速减少,到 2018 年共 9 年间减少了 4113 km²。1990—2018 年间,中覆盖度草地减少面积大于高覆盖度草地,共 2093 km²,与高覆盖度草地不同,2010 年之前,中覆盖度草地持续减少,2010 年以后,中覆盖度草地开始增加,但与 1990 年相比,总体为减少趋势。全流域低覆盖度草地增加较多,共增加了 4013 km²,表现出增加—减少—增加的变化趋势,这在一定程度上反映了流域草地退化的趋势。虽然草地面积在增加,但是高、中覆盖度草地面积却在减少,低覆盖度草地增加,这主要是因为黄河流域水土流失严重,上游地区高覆盖度草地因过度放牧导致退化,加之早期受到自然侵蚀造成高覆盖度草地减少,后期黄河流域实施退耕还林还草政策以及生态补偿机制等,严重退化区逐渐恢复,而部分耕地转换为低覆盖度草地。建设用地、耕地、未利用地及林地是流域内 29 年间变化幅度较大的土地利用/覆被类型,不仅在数量上发生了变化,而且在空间上发生了相互的转换,这种土地利用/覆被数量和空间上的变化必然影响生态系统服务价值及其空间格局。

3.1.2　空间变化特征

空间上(图 3-1),1990—2018 年,耕地在全流域大部分地区均有减少,减少范围比较广泛,集中减少区主要分布在大城市周边,如西安市和银川市周边;林地增加区主要分布在玛曲至龙羊峡区域、大夏河与洮河区域、湟水流域以及黄土高原南部,太行山边缘区域,增加区域较为集中;高覆盖度草地减少区域非常集中,主要集中在上游地区河源至玛曲区域、黄河内流区以及石嘴山至河口镇区域;中覆盖度草地减少区域分布范围广,在黄河上游、中游均有较大面积减少;低覆盖度草地增加区域为河源至玛曲、玛曲至龙羊峡、龙羊峡至兰州干流区域以及内流区;建设用地增加区域较为集中,主要分布在各大城市周边,伴随着城市化进程,城市建设用地规模增加,如兰州、兰州新区、银川、西安、郑州的周边地区,建设用地增加明显。

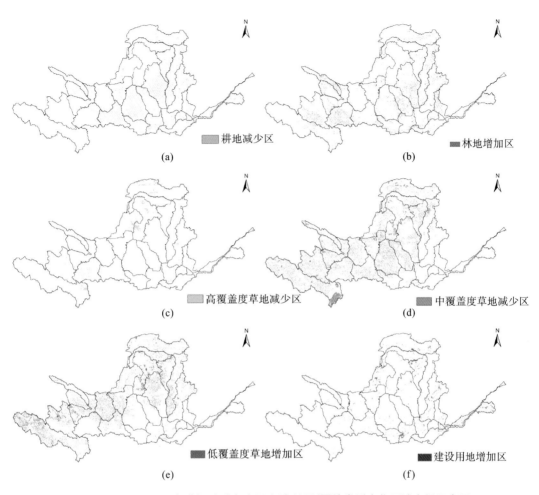

图 3-1 1990—2018 年黄河流域各主要土地利用/覆被类型变化区域空间示意图

3.2 黄河流域土地利用/覆被类型转移图谱分析

为了更明确地分析黄河流域不同土地利用/覆被类型之间的转换方向和转换面积,本书采用转移图谱分析方法对土地利用/覆被类型之间转换的方向及面积进行统计和分析并在空间上给予表达(图 3-2)。由 1990—2018 年草地面积转移矩阵可知:草地面积占黄河流域总面积的 50% 左右,在土地利用/覆被变化过程中伴随着草地面积的大量转入和转出,转入土地利用/覆被类型主要有耕地、未利用地和林地,转入面积分别为 58668 km² 、29849 km² 和 29060 km²,耕地大部分转换为中覆盖度草地和低覆盖度草地,未利用地和林地则大部分转换为高覆盖度草地和中覆盖度草地;同时,只有 2397 km² 的建设用地转换为草地。高覆盖度草地主要转出为林地和中覆盖度草地,转换面积分别为 11394 km² 和 14201 km²,中覆盖度草地主要转出为耕地和低覆盖度草地,转换面积分别为 28574 km² 和 24761 km²,而低覆盖度草地大部分转为耕地和中覆盖度草地,转换面积分别为 22747 km² 和 22952 km²(表 3-3)。1990—2018 年,草地变化呈先减少后增加的趋势,其中,1990—2000 年草地减少了 2485

km², 2000—2010 年减少了 1555 km², 2010—2018 年草地增加了 4778 km²。但整个研究期间,草地总面积呈增加的趋势,增加了 738 km²,增幅为 0.19%,其中高覆盖度草地减少 1182 km²,低覆盖度草地减少 2093 km²,而低覆盖度草地增加 4013 km²。

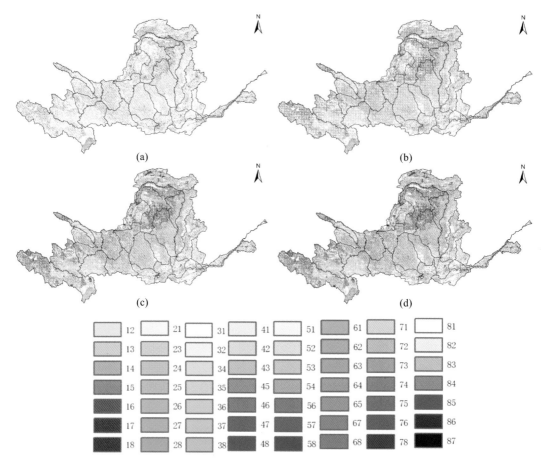

图 3-2 1990—2018 年黄河流域土地利用/覆被类型转移图谱

(a)1990—2000 年;(b)2000—2010 年;(c)2010—2018 年;(d)1990—2018 年

注:1、2、3、4、5、6、7、8 分别代表耕地、林地、高覆盖度草地、中覆盖度草地、低覆盖度草地、水域、建设用地、未利用地;数字组合代表第一个数字代表的土地利用/覆被类型转换为第二个数字代表的土地利用/覆被类型。如"12"代表"耕地转换为林地","21"代表"林地转换为耕地"。

表 3-3 1990—2018 黄河流域土地利用/覆被类型转换图谱单元

编码	土地利用/覆被转换类型	转换面积/km²			
		1990—2000 年	2000—2010 年	2010—2018 年	1990—2018 年
12	耕地→林地	11560	9420	12281	13462
13	耕地→高覆盖度草地	6047	4780	6193	6811
14	耕地→中覆盖度草地	28458	18894	28378	29988
15	耕地→低覆盖度草地	22074	14523	20884	21869

续表

编码	土地利用/覆被转换类型	转换面积/km²			
		1990—2000 年	2000—2010 年	2010—2018 年	1990—2018 年
16	耕地→水域	2860	2412	2947	3172
17	耕地→建设用地	10329	7095	14621	15794
18	耕地→未利用地	2391	1767	1946	2072
21	林地→耕地	11987	7896	11285	11505
23	林地→高覆盖度草地	11136	7498	11065	11860
24	林地→中覆盖度草地	11855	7920	12351	12387
25	林地→低覆盖度草地	4525	3200	4974	4813
26	林地→水域	539	330	481	519
27	林地→建设用地	501	414	1142	1229
28	林地→未利用地	980	764	1090	1060
31	高覆盖度草地→耕地	6417	4150	6065	6586
32	高覆盖度草地→林地	10627	7533	11241	11394
34	高覆盖度草地→中覆盖度草地	9706	6647	12484	14201
35	高覆盖度草地→低覆盖度草地	4861	3180	5322	5656
36	高覆盖度草地→水域	629	427	714	846
37	高覆盖度草地→建设用地	442	299	857	960
38	高覆盖度草地→未利用地	3998	3079	4371	4691
41	中覆盖度草地→耕地	29208	18267	27008	28574
42	中覆盖度草地→林地	12388	8804	12095	13754
43	中覆盖度草地→高覆盖度草地	12377	6802	10240	14185
45	中覆盖度草地→低覆盖度草地	19650	13466	22545	24761
46	中覆盖度草地→水域	1344	1031	1517	1666
47	中覆盖度草地→建设用地	1248	1007	2579	2715
48	中覆盖度草地→未利用地	10419	7445	8052	9783
51	低覆盖度草地→耕地	22889	14553	21370	22747
52	低覆盖度草地→林地	4739	3515	5033	5317
53	低覆盖度草地→高覆盖度草地	4331	3466	4786	5565
54	低覆盖度草地→中覆盖度草地	19444	13280	21581	22952

编码	土地利用/覆被转换类型	转换面积/km²			
		1990—2000 年	2000—2010 年	2010—2018 年	1990—2018 年
56	低覆盖度草地→水域	1193	881	1222	1411
57	低覆盖度草地→建设用地	840	764	2370	2532
58	低覆盖度草地→未利用地	8565	7226	8909	9814
61	水域→耕地	3408	2054	2864	3361
62	水域→林地	419	371	521	456
63	水域→高覆盖度草地	580	439	568	549
64	水域→中覆盖度草地	1431	920	1367	1575
65	水域→低覆盖度草地	1204	891	1316	1435
67	水域→建设用地	401	291	683	686
68	水域→未利用地	906	832	1048	1184
71	建设用地→耕地	9151	5835	9726	8444
72	建设用地→林地	433	376	580	474
73	建设用地→高覆盖度草地	381	290	376	347
74	建设用地→中覆盖度草地	1122	887	1171	1142
75	建设用地→低覆盖度草地	881	628	844	908
76	建设用地→水域	313	270	410	348
78	建设用地→未利用地	282	204	230	217
81	未利用地→耕地	2411	1825	2889	3267
82	未利用地→林地	1114	892	1348	1574
83	未利用地→高覆盖度草地	3850	2988	3733	3845
84	未利用地→中覆盖度草地	9618	7248	10613	11101
85	未利用地→低覆盖度草地	9195	6351	14394	14903
86	未利用地→水域	950	788	1170	1207
87	未利用地→建设用地	294	293	984	1074

3.2.1 1990—2000 年土地利用/覆被类型转移图谱分析

1990—2000 年,黄河流域土地利用转移图谱单元中,共有 56 类具有空间异质性的转移图谱单元,其中,最明显的转型是"中覆盖度草地→耕地(编码 41)"图谱单元,占总图谱单元的 8.14%,主要分布在黄河上游地区,其次,"耕地→中覆盖度草地(编码 14)""低覆盖度草地→耕地(编码 51)""耕地→低覆盖度草地(编码 15)"较显著,分别占总图谱单元的 7.93%、6.38%和 6.15%,广泛分布在黄河中下游地区,再次为低、中覆盖度草地之间的转换、中覆盖度草地和林地之间的转换以及林地和耕地之间的转换。总体来看,1990—2000 年,黄河流域土地利用转型以草地与其他土地利用/覆被类型的相互转换,以及耕地与建设用地相互转换为主,中覆盖度草地的转出方向为耕地、低覆盖度草地、林地和高覆盖度草地,面积分别为 29208 km²、19650 km²、12388 km²、12377 km²,同时也有大量的耕地、低覆盖度草地、林地转为中覆盖度草地,低覆盖度草地的转出方向主要为耕地、中覆盖度草地,面积分别为 22889 km²、19444 km²,而耕地和中覆盖度草地转为低覆盖度草地的面积分别为 22074 km² 和 19650 km²。

3.2.2　2000—2010 年土地利用/覆被类型转移图谱分析

2000—2010 年,黄河流域具有空间异质性的转移图谱单元总面积为 247408 km²,比 1990—2000 年减少 111493 km²。经分析,土地利用转换面积较大的图谱单元与上一个时期类似,耕地与中、低覆盖度草地的相互转换(编码 14、15、41、51)以及中、低覆盖度草地之间的相互转换较显著,共占总图谱单元的 37%。其中,"耕地→中覆盖度草地(编码 14)"图谱单元最为显著,占总图谱单元的 7.64%,主要分布在黄河中游地区。整体而言,2000—2010 年,黄河流域土地利用/覆被类型转换以耕地和草地的相互转换、草地内部转换以及耕地与林地的相互转换为主,耕地的转出方向主要为中覆盖度草地、低覆盖度草地和林地,面积分别为 18894 km²、14523 km² 和 9420 km²,累计转出比例为 17.31%,而上述三者转换为耕地的总面积为 40716 km²,占总图谱单元的 16.45%,因此,耕地净转出率为 0.86%,此外,该阶段共 7095 km² 耕地转换为建设用地,占总图谱单元的 2.87%。

3.2.3　2010—2018 年土地利用/覆被类型转移图谱分析

2010—2018 年,黄河流域具有空间异质性的转移图谱单元总面积为 376834 km²,比上一个时期增加 129426 km²,与前两个时期有所不同,这一阶段,转移最为明显的图谱单元是"耕地→中覆盖度草地(编码 14)""中覆盖度草地→耕地(编码 41)",分别占总图谱单元的 7.53%和 7.17%,其次,"中覆盖度草地→低覆盖度草地(编码 45)""低覆盖度草地→中覆盖度草地(编码 54)"两类转型面积也较大,分别为 22545 km² 和 21584 km²,占总图谱单元的 5.98%和 5.73%。可以发现,该阶段耕地的转型较为普遍,耕地转向低覆盖度草地、未利用地和水域面积较大,同时,低、高覆盖度草地也转换为耕地,但总体表现为耕地的转出大于耕地转入,累计转出比例为 16.93%,转入比例为 14.69%,净转出 2.24%,耕地减少较多。

整体来看,黄河流域在 1990—2018 年土地利用/覆被类型发生了较大的变化(图 3-3),尤其是土地利用/覆被类型之间的转换比较频繁,主要表现为低覆盖度草地、中覆盖度草地、高覆盖度草地之间及它们与耕地、林地之间的相互转换,建设用地与耕地之间的相互转换也比较频繁且突出。在气候环境和人类活动的双重影响下,黄河流域草地、耕地、林地变化频率较高,这是因为黄河流域内草地多属低覆盖度草地,由于区域气候、土质等因素导致的草地向未利用地的转换量大,由于过度放牧和气候变暖导致流域尤其是上游草地退化,开垦耕地及防护林和固沙林的种植造成草地流失;同时,为了保护流域生态环境,自 2000 年以来,国家以黄土高原为重点区域,实施了退耕还林还草等政策,扩大了草地面积,减小了耕地面积，所以草地的增加和减少是研究期内黄河流域主要的土地利用/覆被转换类型。建设用地与耕地的相互转换中，由于建设用地向周边扩张导致耕地流失，分析发现，在区域城市化加速发展的影响下，尤其是西部大开发政策规划与实施后，建设用地扩张占用耕地，城镇面积剧增；而补充耕地的城乡建设用地基本上为农村居民用地，因此，耕地大面积转换为建设用地，而由建设用地转换为耕地的面积较小。

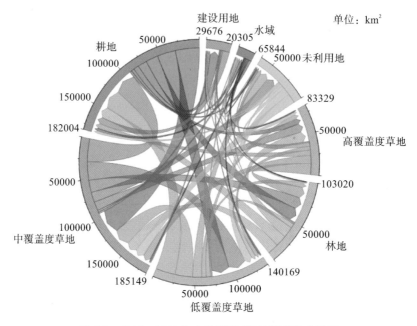

图 3-3 1990—2018 年土地利用/覆被类型转移弦图

3.3 二级流域土地利用/覆被结构特征及变迁

3.3.1 土地利用/覆被组合类型分析

区域土地利用/覆被的组合特征以及主要类型的分析可以反映区域土地整体结构，同时也是影响区域生态系统服务的主要因素，生态系统服务功能会伴随土地利用/覆被类型组合的变化而变化，为了能够表征不同区域土地利用/覆被结构特征，本书以黄河流域 8 个二级流域为基本分析单元，揭示黄河流域土地利用/覆被结构特征。

龙羊峡以上区域(图 3-4(a))，土地利用/覆被类型组合为"中覆盖度草地—低覆盖度草地—高覆盖度草地—未利用地—林地"，该区域以草地、未利用地和林地为主。29 年间，大部分主要土地利用/覆被类型均有增加，未利用地有所减少。龙羊峡至兰州区域(图 3-4(b))，土地利用/覆被类型相对均衡，类型组合为"中覆盖度草地—林地—高覆盖度草地—低覆盖度草地—耕地"，耕地成为与草地面积相当的土地利用/覆被类型。29 年间，耕地、林地及中覆盖度草地有所减少，该区域是青藏高原和黄土高原的过渡区域，退耕还林还草以及草地退化导致土地利用/覆被类型发生上述变化。兰州至河口镇区域(图 3-4(c))，土地利用/覆被类型发生较大变化，土地利用/覆被类型组合为"低覆盖度草地—耕地—中覆盖度草地",耕地在该区域的占比逐渐增大,随着气候及区域变化,以低覆盖度草地为主,河套平原是我国主要的农业区域,耕地较为集中,同时,北部内蒙古沿黄地区中覆盖度草地分布较为广泛。河口镇至龙门区域(图3-4(d)),土地利用/覆被类型组合为"耕地—林地—低覆盖度草地—中覆盖度草地—高覆盖度草地",耕地是该区域的主要土地利用/覆被类型。值得一提的是,29年间,该区域耕地增加,低覆盖度草地增加,中覆盖度草地增加,而林地和高覆盖度草地减少,土地利用/覆被类型结构发生了较大的变化,高覆盖度草地减少规模较大。内流区(图3-4(e)),"未利用地—中覆盖度草地—低覆盖度草地—高覆盖度草地"是该区域的土地利用/覆被类型组合,29年间土地利用/覆被类型结构比较稳定,林地、耕地略有增加,其他土地利用/覆被类型略有减少,该区域是毛乌素沙地的核心区域,人类活动较少,干扰小,土地利用/覆被类型结构没有受到太大影响。龙门至三门峡区域(图3-4(f)),耕地占绝对优势,耕地面积占区域总面积的40%左右,土地利用/覆被类型组合为"耕地—中覆盖度草地—林地",29年间,耕地明显减少,建设用地明显增加,建设用地面积占区域总面积的比例较上游区域明显增大。三门峡至花园口区域(图3-4(g)),土地利用/覆被类型组合为"耕地—林地—高覆盖度草地",29年间,耕地减少,林地面积占区域总面积的比例增大,达到38%左右,建设用地占比进一步增加到6%左右。花园口以下区域(图3-4(h)),该区域是黄河下游区域,土地利用/覆被类型组合为"耕地—建设用地—林地",耕地面积占区域总面积的比例达66%左右,为绝对主要土地利用/覆被类型,同时,建设用地占比在所有二级流域中最高。29年间,建设用地增加最为显著,耕地减少。

总体来看,首先,29年间各流域土地利用/覆被类型虽然发生了较大转换,但各个流域土地利用组合/覆被类型基本没变,土地利用/覆被结构相对稳定;其次,黄河流域土地利用/覆被类型组合表现出比较明显的地带性规律,从上游到下游,从西到东,流域主要土地利用/覆被类型表现出"草地(林地)—耕地—建设用地"的地带性特征,越到下游,草地占流域面积的比例越小,而耕地和建设用地的占比越大,尤其建设用地所占比例从龙门以下不断增大;最后,8个二级流域土地利用/覆被类型结构可反映出黄河流域不同区域的经济发展方式。

3.3.2　土地利用/覆被类型区位意义分析

土地利用/覆被类型区位意义分析揭示了与高级区域相比,特定区域中不同土地利用/覆被类型的集聚程度,以此来反映各土地利用/覆被类型的区位优势和相对重要性。本书采用土地利用区位指数进行土地利用/覆被类型区位意义分析,其计算公式如下:

$$Q = \frac{\dfrac{d_i}{\sum\limits_{i=1}^{n} d_i}}{\dfrac{D_i}{\sum\limits_{i=1}^{n} D_i}}$$

式中,Q为土地利用区位指数;d_i为二级流域内第i类土地的面积;D_i为黄河流域第i类土地的面积。如果$Q \geqslant 1$,说明该类土地具有区位意义;如果$Q < 1$,说明该类土地不具有区位意义。

经过分析发现(图3-5),具有耕地区位意义的流域有3个,分别是龙门至三门峡、三门峡至花园口和花园口以下,耕地区位指数分别是1.7431、1.6387和2.6249,说明耕地主要集中

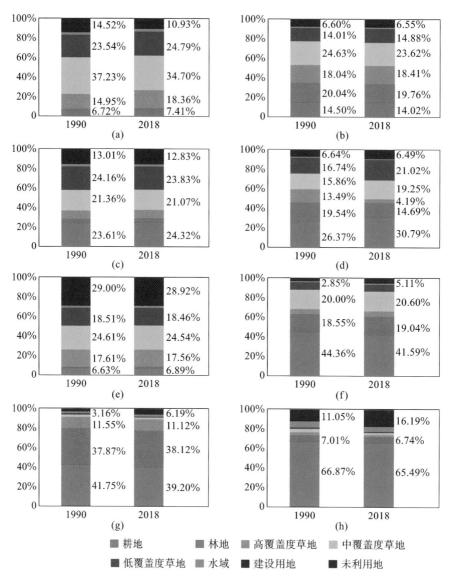

图 3-4 1990、2018 年黄河流域 8 个二级流域土地利用/覆被类型结构
(a)龙羊峡以上区域;(b)龙羊峡至兰州区域;(c)兰州至河口镇区域;
(d)河口镇至龙门区域;(e)内流区;(f)龙门至三门峡区域;
(g)三门峡至花园口区域;(h)花园口以下区域

分布在上述 3 个二级流域;具有林地区位意义的流域有 4 个,分别是龙羊峡至兰州、河口镇至龙门、龙门至三门峡以及三门峡至花园口,三门峡至花园口林地区位指数最高,为 2.7308;高覆盖度草地在龙羊峡以上、龙羊峡至兰州、河口镇至龙门和内流区具有区位意义,其中,龙羊峡至兰州区位指数最高;中覆盖度草地在龙羊峡以上区域区位指数最高,为 1.7118,同时在龙羊峡至兰州及内流区也具有区位意义;水域的区位指数较高的二级流域为三门峡至花园口以及花园口以下,建设用地区位指数在花园口以下达到 5.7950,远高于其他二级流域,说明建设用地在该流域集聚,该区域是黄河流域建设用地分布的主要区域,未利用地的区位指数高值在内流区,说明内流区是未利用地的主要分布区。

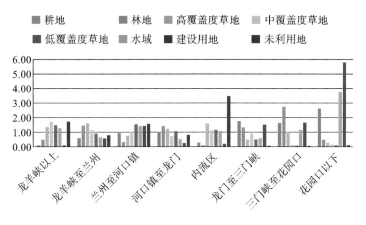

图 3-5　黄河流域各二级流域土地利用/覆被类型区位指数

　　土地利用/覆被类型区位意义分析发现,耕地、林地、草地虽然存在具有区位意义的二级流域,但其区位指数值差距不大,说明以上土地利用/覆被类型虽然在若干流域较为集中,但流域之间面积差异并不很大,而建设用地和未利用地出现了明显的区位意义流域,如花园口以下,建设用地及水域的区位意义非常明显,内流区未利用地的区位意义极其明显,说明,黄河流域建设用地和未利用地分别主要分布在花园口以下和内流区,这符合黄河流域实际情况。

3.4　总　　结

　　草地是黄河流域内规模最大、分布范围最广的土地利用/覆被类型,占流域总面积的50%左右;1990—2018 年间变化幅度较大的土地利用/覆被类型为耕地和建设用地,耕地减少 8663 km²,建设用地增加 13109 km²。草地总面积虽有增加,但高覆盖度草地和中覆盖度草地均呈减少趋势,表明草地有退化的可能性,建设用地、耕地、未利用地及林地是黄河流域内 29 年间变化幅度较大的土地利用/覆被类型。

　　黄河流域土地利用/覆被类型之间的转换比较频繁,尤其是草地、林地和耕地之间的相互转换以及耕地向建设用地的转换比较显著,退耕还林还草工程的实施以及建设城镇占用是耕地减少及草地、林地和建设用地增加的主要原因。

　　29 年间,土地利用/覆被类型虽然发生了较大转换,但各个流域土地利用/覆被组合类型基本没变,土地利用/覆被结构相对稳定;另外,黄河流域土地利用/覆被类型组合表现出比较明显的地带性规律,从上游到下游,从西到东,流域主要土地利用/覆被类型表现出"草地(林地)—耕地—建设用地"的地带性特征,越到下游,草地占流域面积的比例越小,而耕地和建设用地的占比越大。

第 **4** 章
黄河流域草地生态系统
服务功能及其空间异质性

4.1 黄河流域生态系统服务功能时空演变特征分析

　　流域是自然生态系统中相对完整且相对独立的单元,是一个社会-经济-自然复合生态系统,具有生态完整性,从流域层面探讨黄河流域生态系统服务功能空间差异更具有现实意义。本章借助 InVEST 模型分别评估黄河流域 1990、1995、2000、2005、2010 和 2018 年产水深度、碳储量、土壤保持量、生境质量以及净初级生产力(NPP),并应用空间统计方法获得黄河流域 29 个三级流域生态系统服务功能,进而分析其时空格局变化。

4.1.1 产水深度时空动态演变特征分析

　　黄河流域 1990、1995、2000、2005、2010 和 2018 年的产水量(平均产水深度)依次为 391.267×10^8 m^3(72.47 mm)、284.483×10^8 m^3(51.17 mm)、195.724×10^8 m^3(41.56 mm)、456.244×10^8 m^3(74.12 mm)、346.998×10^8 m^3(62.14 mm)和 451.695×10^8 m^3(72.11 mm),1990—2018 年,黄河流域平均产水深度减少 0.36 mm(图 4-1)。各年度草地的平均产水深度分别为 42.19 mm、40.62 mm、23.28 mm、69.48 mm、44.40 mm 和 64.88 mm,呈减少—增加—减少—增加的波动状态。1990—2018 年,黄河流域高覆盖度草地平均产水深度为 56.80 mm,低覆盖度草地平均产水深度为 43.21 mm,中覆盖度草地平均产水深度为 42.21 mm。1990—2000 年,草地平均产水深度持续下降,降低了 18.91 mm,降幅为 44.82%;2000—2005 年,草地平均产水深度呈增加的状态,增加了 46.20 mm;2005—2010 年,草地平均产水深度减少了 25.08 mm;2010—2018 年,草地平均产水深度增加了 20.48 mm,1990—2018 年,黄河流域草地平均产水深度整体呈增加的趋势,增加了 22.69 mm,增幅为 53.78%。29 年间,整个黄河流域的平均产水深度为 62.26 mm,草地的平均产水深度为 47.48 mm,占全流域平均产水深度的 76.26%,草地对黄河流域的产水贡献较大。

　　草地生态系统对降水的调节作用与森林生态系统类似,因为草地是黄河流域的主要土地利用/覆被类型,且主要集中分布在黄河上游区域,该区域是全流域年降水量高值区域,尽管草地可以通过表层截留降水、枯落物层吸收降水来实现对降水的再分配和减小地表径流,但因草地分布范围广且集中分布在降水量高值区域,这使得草地平均产水深度较高。

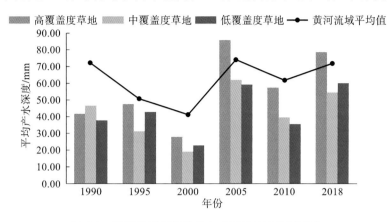

图 4-1   黄河流域及草地各年度平均产水深度变化

1990—2018 年,黄河流域平均产水深度整体呈现出比较一致的规律性(图 4-2),西北地区平均产水深度低,西南及东南区域平均产水深度高。黄河流域所有三级流域产水量差较大,1990—2018 年,三级流域的产水量为 $1.71 \times 10^8 \sim 174.49 \times 10^8$ m³,各流域产水量空间格局基本一致,龙羊峡以上等黄河上游地区产水量最高,该区域冰雪融化补给较多,植被覆盖率较高,蒸散发小,为黄河流域径流的主要来源区,干流径流量较大;兰州至河口镇流域为产水量的低值区,因为该区域蒸散发大,且降水偏少。

从产水深度的变化趋势来看,1990—2018 年,共 14 个三级流域产水深度增加,平均增量为 36.21 mm,其中大通河享堂以上流域产水深度增量最大,约为 103.71 mm,增幅为 240%;河源至玛曲、湟水、渭河咸阳至潼关、龙门至三门峡干流区间产水深度增量较大,平均增量为 49.55 mm,产水深度增加区域主要分布在黄河上游、关中盆地—汾河谷地以及太行山区域。有 15 个三级流域产水深度在 1990—2018 年间减少,平均减少 30.08 mm,大汶河以及花园口以下干流区间产水深度减少量最大,分别为 140 mm 和 83.38 mm,产水深度减少区域主要分布在兰州以下流域及黄土高原区域。黄河流域产水量大部分来自兰州以上区域,虽然流域面积仅占全流域的 28%,但其产水量占全流域产水量的 55%,兰州至河口镇区域产水量较少,流域面积占全流域的 20.6%,年径流量仅占全流域的 3.4%。

4.1.2   碳储量时空动态演变特征分析

黄河流域 1990、1995、2000、2005、2010 和 2018 年的碳储量分别为 78.246×10^8 t、76.169×10^8 t、73.836×10^8 t、76.348×10^8 t、75.195×10^8 t 和 78.426×10^8 t,29 年的平均碳储量为 76.369×10^8 t(图 4-3)。1990—2018 年,碳储量增加了 0.18×10^8 t,总体表现为先减少再增加特征,2000 年全流域碳储量最低,之后有所回升。黄河流域 1990、1995、2000、2005、2010 和 2018 年的草地碳储量分别为 26.653×10^8 t、26.176×10^8 t、24.858×10^8 t、25.789×10^8 t、25.351×10^8 t 和 26.743×10^8 t,草地 29 年平均碳储量为 25.928×10^8 t,草地碳储量占整个流域碳储量的 33.95%,整体呈先减少后增加的趋势,共增加了 9.0×10^6 t,年均增长 3.10×10^5 t。1990—2000 年,草地碳储量减少了 1.795×10^8 t,2000—2005 年,草地碳储量增加了 0.931×10^8 t,2005—2018 年,草地碳储量增加了 0.954×10^8 t。黄河流域

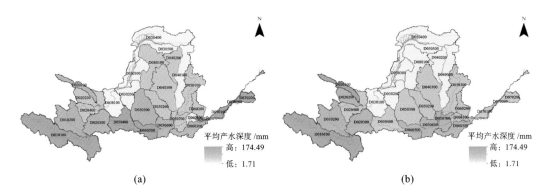

图 4-2　黄河流域平均产水深度空间格局图

(a)1990 年;(b)2018 年

注:D030400 石嘴山至河口镇北岸,D030500 石嘴山至河口镇南岸,D040100 河口镇至龙门左岸,D080100 内流区,D040200 吴堡以上右岸,D030300 下河沿至石嘴山,D040300 吴堡以下右岸,D050100 汾河,D020100 大通河享堂以上,D030200 清水河与苦水河,D070300 花园口以下干流区间,D030100 兰州至下河沿,D020200 湟水,D050300 泾河张家山以上,D020400 龙羊峡至兰州干流区间,D050200 北洛河状头以上,D060200 沁丹河,D070200 大汶河,D010200 玛曲至龙羊峡,D050400 渭河宝鸡峡以上,D070100 金堤河和天然文岩渠,D020300 大夏河与洮河,D050700 龙门至三门峡干流区间,D050600 渭河咸阳至潼关,D060100 三门峡至小浪底区间,D010100 河源至玛曲,D060400 小浪底至花园口干流区间,D050500 渭河宝鸡峡至咸阳,D060300 伊洛河。(下同)

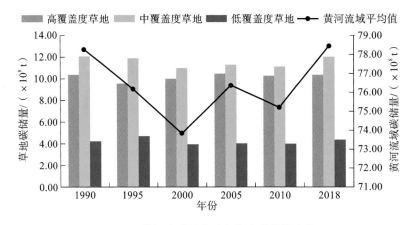

图 4-3　黄河流域及草地各年度碳储量变化

1990、1995、2000、2005、2010 和 2018 年草地单位面积碳储量分别为 7833.67 t/km²、7763.33 t/km²、7318.33 t/km²、7597 t/km²、7463.67 t/km² 和 7909.00 t/km²,总体增加了 75.33 t/km²,大体呈先减少后增加趋势。

从碳储量的空间分布及其变化看(图 4-4),1990—2018 年,黄河流域碳储量的空间分布变化不明显,碳储量整体呈"西南高,西北低"的空间分布特征,具体表现为黄河上游、洛河流域、汾河流域以及秦岭区域是碳储量的高值区域,单位面积碳储量高于 7055.92 t/km²,上述区域植被状况较好,固碳能力较强。碳储量低值区主要分布在黄土高原区域,尤其是黄土高原以北的毛乌素沙地区域以及贺兰山以北、黄河以西的巴丹吉林沙漠区域,单位面积碳储量小于 1770.74 t/km²。碳储量的空间分布格局与黄河流域植被分布状况相关,即高值区域以林地、高覆盖度草地为主,而低值区域以沙地等未利用地为主。

为了更清楚地反映黄河流域碳储量的空间分布变化,本书将 1990—2018 年碳储量空间分布变化分为两类:减少、增加。对前后两个时期碳储量分布图进行栅格减法运算,得到每个栅格值的增减变化情况。全流域碳储量增加和减少并存,但总体来看,碳储量增加区域分布分散,且增加量少,增加区域面积约 10154 km²,总碳储量增加 3.6×10⁷ t。而碳储量减少区域分布相对集中,且减少量大,减少区域面积约 12193 km²,总碳储量减少 5.4×10⁷ t。碳储量变化最为强烈的区域主要在黄土高原区域,以增加为主,该区域大面积实施退耕还林还草、植树造林致使林地面积增加,林地面积的增加强化了该区域的固碳能力。分流域看,碳储量增加的三级流域共 5 个,分别为石嘴山至河口镇南岸流域、内流区、泾河张家山以上、北洛河状头以上流域、吴堡以下右岸流域,流域总面积为 18.2×10⁴ km²,占黄河流域总面积的22.9%,碳储量共增加 2.89×10⁶ t。河源至玛曲区域碳储量减少最多,达 5×10⁶ t。此外,玛曲至龙羊峡、大夏河与洮河、湟水、大通河享堂以上等黄河上游区域均出现碳储量的大量减少,减少量达到 1.82×10⁶ t。

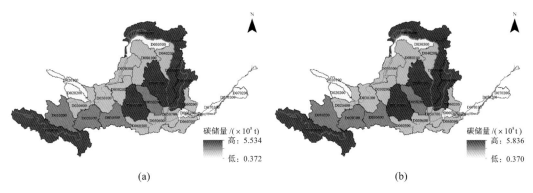

图 4-4　黄河流域碳储量空间分布图

(a)1990 年;(b)2018 年

4.1.3　土壤保持量时空动态演变特征分析

黄河流域 1990、1995、2000、2005、2010 和 2018 年的实际土壤保持量(图 4-5)分别为19.320×10⁸ t、18.431×10⁸ t、18.276×10⁸ t、17.902×10⁸ t、17.221×10⁸ t 和 15.465×10⁸t,其中草地土壤保持量分别为 9.201×10⁸ t、9.098×10⁸ t、8.792×10⁸ t、8.497×10⁸ t、8.201×10⁸ t 和 7.648×10⁸ t,草地土壤保持量呈持续减少的趋势,共减少了 1.553×10⁸ t,减幅为 16.88%,高、中、低覆盖度草地的土壤保持量平均值分别为 2.185×10⁸ t、3.970×10⁸ t 和 2.419×10⁸ t。1990—2018 年,黄河流域草地的单位面积平均土壤保持量为 2818.17t/(km²·a),其中高、中、低覆盖度草地的单位面积平均土壤保持量为 3144.11 t/(km²·a)、2492.24 t/(km²·a)和 2818.17 t/(km²·a),其中高覆盖度草地的单位面积平均土壤保持量最高,而中覆盖度草地的土壤保持量最大,说明中覆盖度草地面积比高覆盖度草地大。

从黄河流域土壤保持量整体空间变化看(图 4-6),全流域土壤保持量较高的区域主要分布在黄河上游以及黄土高原中部地区,其中黄河上游尤为突出,而兰州至河口镇以及河套平原地区、黄河下游地区土壤保持量较低,这与黄河流域地形地貌及降水关系密切,高值地区降水较多且地形相对复杂,潜在侵蚀量大,因此土壤保持量大。

从空间变化上看,1990—2018 年,土壤保持量仅在两个三级流域有增加,分别是玛曲至龙羊峡流域以及汾河流域,说明在相同的降水条件下,上述两个流域因为土地利用/覆被变

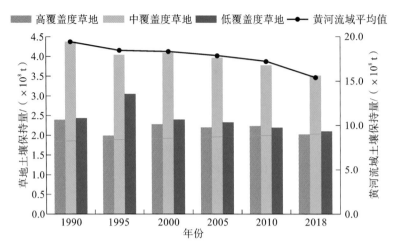

图 4-5　黄河流域及草地各年度土壤保持量

化使土壤保持功能增强;而大夏河与洮河流域、渭河至宝鸡峡以上流域、泾河张家山以上流域以及渭河宝鸡峡至咸阳流域,土壤保持量大幅度减少,大幅度减少区域在空间上较为集中,主要分布在黄土高原与青藏高原过渡区域以及黄土高原西南部,与土地利用/覆被类型变化关系密切。

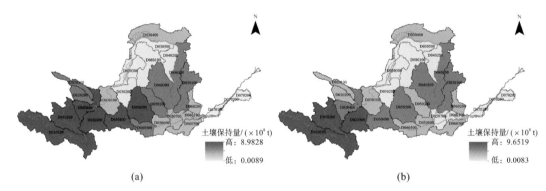

图 4-6　黄河流域土壤保持量空间格局图

(a)1990 年;(b)2018 年

4.1.4　生境质量时空动态演变特征分析

黄河流域 1990、1995、2000、2005、2010 和 2018 年的生境质量指数分别为 0.682、0.682、0.682、0.684、0.683 和 0.684,平均生境质量指数为 0.683,整体生境质量较好,1990—2018年全流域生境质量整体呈上升趋势,增量为 0.002。研究期内,黄河流域草地生境质量指数分别为 0.686、0.688、0.686、0.686、0.686 和 0.685,草地平均生境质量指数为 0.686(图 4-7),根据已有研究中的划分标准将生境质量分为低(0~<0.2)、较低(0.2~<0.4)、中(0.4~<0.6)、较高(0.6~<0.8)和高(0.8~<1)5 个等级,可知黄河流域草地生境质量属于较高等级。1990—2018 年,草地生境质量指数呈先增后不变再降低的趋势,整体呈降低的趋势,生境质量指数共减少 0.001;其中高、中、低覆盖度草地的生境质量指数分别为 0.679、0.709和 0.671,黄河流域中覆盖度草地的生境质量最高,而低覆盖度草地的生境质量最低。

1990—2018 年,黄河流域生境质量指数高值区主要分布在上游各流域(图 4-8)、太行山

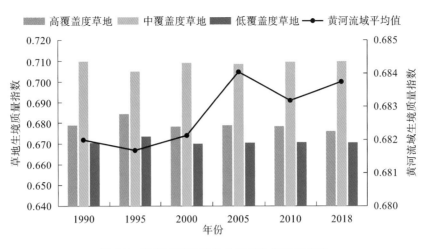

图 4-7　黄河流域及草地各年度生境质量指数

区,占流域总面积的 61.72%,该区土地利用/覆被类型以林地和草地为主,人类活动不频繁,生物多样性水平高;生境质量指数中值区主要分布在毛乌素沙地、腾格里沙漠,占流域总面积的 8.99%;较低值区主要分布在关中盆地、渭河谷地以及黄河下游平原区,占流域总面积的 26.71%,该区域是黄河流域耕地的集中分布区,受人类活动干扰程度高;低值区分布与区域建设用地分布高度一致,呈点状分布,集中在城镇、村庄等建设用地和草场中的荒地,占流域总面积的 2.48%。

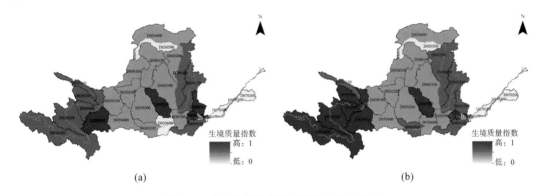

图 4-8　黄河流域生境质量指数空间布局图

(a)1990 年;(b)2018 年

将 2018 年与 1990 年生境质量指数栅格进行差值运算,得到生境质量空间变化情况,流域生境质量指数差值呈先减小后稳定不变的特征,总体呈现衰退趋势,衰退率为 0.29%,大部分区域生境质量指数保持不变,生境质量指数下降区域占流域总面积的 6.85%,下降区域在空间分布上呈零星分散特征,生境质量指数下降区域主要分布在兰州新区、关中盆地、郑州市周边、黄河三角洲区域以及毛乌素沙地和宁夏平原地区。生境质量下降有两种情形:一是城镇建设空间扩展使得城市建成区周边生境质量较低的区域逐渐向周边扩张,吞噬周边的生境质量较高的区域,该区域土地利用强度加大,引起威胁源的扩张,从而导致生境质量发生衰退;二是林地转换为其他土地利用/覆被类型,草地转换为建设用地、耕地或未利用地,水域或未利用地转换为建设用地等情形,生境适宜度下降,生境质量下降。同期生境质量指数提升区域分布非常分散,在黄土高原区域、宁夏平原与毛乌素沙地过渡区域以及河套平原区域均有分布,生境质量指数提升区域面积约占黄河流域总面积的 5.67%。这与黄土高原区域退耕还林还草等生态工程直接相关,耕地变为林地或草地,生境质量提高。

4.1.5 NPP 时空动态演变特征分析

黄河流域 1990、1995、2000、2005、2010 和 2018 年的平均 NPP 分别为 253.04 gc/m²、223.82 gc/m²、271.85 gc/m²、284.37 gc/m²、296.10 gc/m² 和 336.99 gc/m²,呈先减少后增加的趋势,草地 NPP 分别为 204.66 gc/m²、190.63 gc/m²、225.76 gc/m²、229.73 gc/m²、255.91 gc/m² 和 296.16 gc/m²,变化趋势与整个流域 NPP 的变化趋势一致。1990—1995 年,草地 NPP 减少 14.03 gc/m²(图 4-9)。1990—2018 年,整个黄河流域年均 NPP 为 277.69 gc/m²,1995—2018 年,黄河流域 NPP 整体上呈增加的趋势,共增加 113.17 gc/m²,增幅达 50.56%;草地年均 NPP 为 233.81 gc/m²,占整个流域 NPP 的 84.20%,表明草地对整个流域 NPP 的贡献极大,其中高覆盖度草地年均 NPP 为 304.81 gc/m²,中覆盖度草地年均 NPP 为 219.04 gc/m²,低覆盖度草地年均 NPP 为 177.57 gc/m²,表明植被覆盖度越高,NPP 越高。

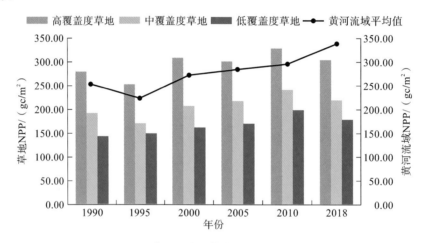

图 4-9 黄河流域及草地 NPP 年际变化图

从空间上看(图 4-10),黄河流域 NPP 高值区主要分布在黄河下游地区,包括渭河—关中盆地区域、汾河流域以及花园口以下区域,而低值区主要分布在黄河流域中游地区,包括

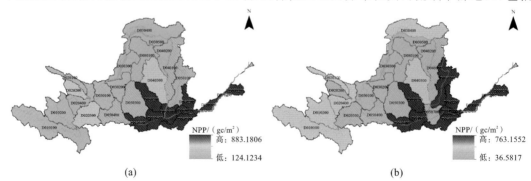

图 4-10 黄河流域 NPP 空间分布图

(a)1990 年;(b)2018 年

兰州至河口镇流域等,整体呈现东高西低的地带性规律。1990—2018 年,黄河流域 NPP 整体呈增加趋势,所有三级流域均有所升高,其中龙门至三门峡干流区间、泾河张家山以上区域升高最为显著,分别升高了 209.13 gc/m² 和 195.37 gc/m²。上游流域整体增幅不高,而黄土高原南部以及东部,NPP 升高明显,这与该地区大规模实施退耕还林还草工程,增加植被覆盖度有密切的关系。

 ## 4.2　黄河流域草地生态系统服务功能空间自相关分析

4.2.1　草地产水量空间自相关分析

全局草地产水量空间自相关分析显示,6 期数据均通过 1% 水平显著性检验,说明在 99% 置信度下,黄河流域草地产水量存在空间自相关,Moran's I 分别为 0.793、0.863、0.753、0.872、0.822 和 0.841,说明黄河流域草地产水量具有高度空间自相关性(图 4-11),产水量在空间上呈现出相似值的两极集聚特征,即产水量较高的区域集聚(高-高集聚特征),产水量较低的区域集聚(低-低集聚特征)。与 1990 年相比,2018 年显著高-高集聚区域减少了 97 个单元,显著低-低集聚区域减少了 13 个单元。1990—2018 年,在空间上,不同时期的草地产水量表现出的空间分布格局差异较小,整体呈现出比较一致的规律性,黄河流域

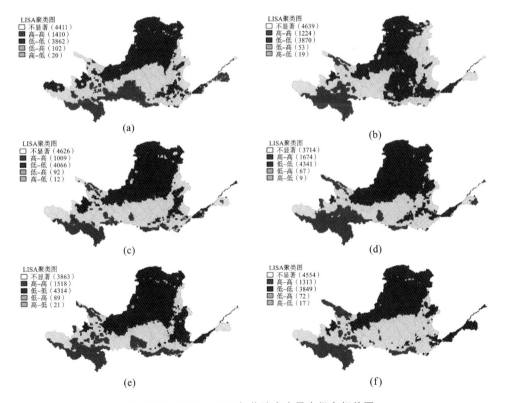

图 4-11　1990—2018 年草地产水量空间自相关图

(a)1990 年;(b)1995 年;(c)2000 年;(d)2005 年;(e)2010 年;(f)2018 年

西北区域产水量低,西南区域产水量较高,产水量高值区主要集中在龙羊峡以上流域,2000年以后三门峡地区的草地产水量逐年增加;产水量低值区主要集中在黄土高原、宁夏平原和河套平原等地,1995年产水量低值区扩散至北洛河状头以上和吴堡以下右岸,这种分布格局与黄河流域年平均降水量和草地分布格局存在直接关系,即年平均降水量高、植被蒸散发低的区域,其产水能力较强。

4.2.2 草地碳储量空间自相关分析

黄河流域1990、1995、2000、2005、2010和2018年草地碳储量的空间自相关Moran's I分别为0.504、0.581、0.531、0.525、0.525和0.504,且均通过1%水平显著性检验,表明草地碳储量具有高度的空间自相关性。基于此,笔者绘制LISA聚类图进行局部自相关分析,探究其空间异质性。由图4-12可知:黄河流域草地碳储量表现出差异化的集聚特征,2018年显著高-高集聚区域与显著低-低集聚区域的单元数和分布区域与1990年大致相同,1995年显著高-高集聚区域和显著低-低集聚区域的单元数明显多于其他各区,尤其显著低-低集聚区域的单元数比1990年多512个,均在低值周围集聚。其他各期的碳储量集聚与分布均一致,草地碳储量高值区和低值区在整个流域内均有分布,高值区面积更大,在空间上更为集中,主要集中分布于上游若尔盖草原、下游小浪底至花园口和渭河谷地周围,零星散布于中游各区,这些区是全流域高覆盖度草地的集中分布区域,综合碳密度较高;而低值区主要分布于黄土高原中部以及黄土高原与青藏高原过渡区域,这些区域的土地利用/覆被类型以

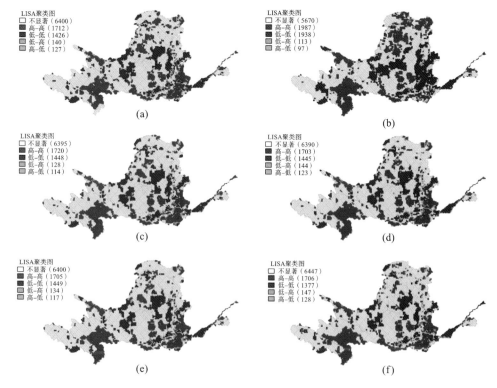

图4-12 1990—2018年草地碳储量空间自相关图

(a)1990年;(b)1995年;(c)2000年;(d)2005年;(e)2010年;(f)2018年

低覆盖度草地为主,碳密度较低。

4.2.3　草地土壤保持量空间自相关分析

黄河流域 1990、1995、2000、2005、2010 和 2018 年草地土壤保持量的空间自相关 Moran's I 分别为 0.704、0.713、0.718、0.714、0.716 和 0.747,基于高度自相关绘制的 LISA 聚类图(图 4-13)显示,各期草地土壤保持量在空间分布上具有异质性,草地土壤保持量高值区和低值区的分布没有明显的规律,高值区与低值区交叉分布,土壤保持量高值区在空间分布上与草地碳储量在空间分布上较相似,主要分布于若尔盖草原、祁连山地区、秦岭地区以及山西吕梁山地区,一方面因为上述区域潜在侵蚀大,另一方面上述区域植被覆盖度高,草地类型以高覆盖度草地为主,土壤保持能力较强。土壤保持量低值区则主要分布在黄河河源区、黄土高原西部地区以及黄土高原中部地区,这些地区土壤保持功能显著低于其他地区,这与区域植被变化,尤其是草地退化以及高覆盖度草地转换为低覆盖度草地有关。显著高-高集聚区域的单元数在研究期内的变化为先减少后增多再减少,显著低-低集聚区域单元数的变化为先增多后减少再增多,尤其 1995 年变化较明显,东部从高-高集聚演变为低-低集聚,黄土高原也出现了低-低集聚,其他各期的变化不太明显。

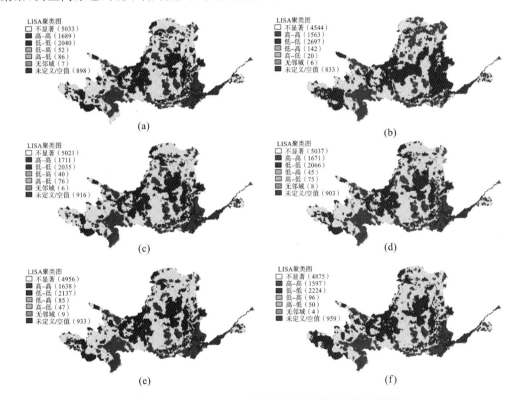

图 4-13　1990—2018 年草地土壤保持量空间自相关图

(a)1990 年;(b)1995 年;(c)2000 年;(d)2005 年;(e)2010 年;(f)2018 年

4.2.4　草地生境质量空间自相关分析

为了直观地表现黄河流域草地生境质量的空间分布状况,笔者用 GeoDa 软件进行全局自相关分析,并绘制 LISA 聚类图(图 4-14)。黄河流域 1990、1995、2000、2005、2010 和 2018

年的草地生境质量指数的 Moran's I 分别为 0.352、0.469、0.429、0.431、0.434 和 0.412,表明各期草地生境质量在空间上具有自相关性。从 LISA 聚类图可知,黄河流域草地生境质量的空间分布具有异质性,且低-低集聚区域的单元数远低于高-高集聚区域单元数。研究期内草地生境质量空间分布规律一致,黄河流域草地生境质量高值区主要集中在黄河河源区所在的青藏高原,另外在毛乌素沙地、秦岭山区以及黄土高原南段有零星分布。生境质量指数的低值区主要集中在黄河下游、关中平原以及汾河谷地区域。低-高集聚和高-低集聚区域镶嵌于高值区与低值区之间,主要零星分布于渭河谷地。从变化单元数来看,显著高-高集聚与显著低-低集聚区域单元数于 1995 年变化最明显,与 1990 年相比,1995 年显著高-高集聚区域单元数增加了 510 个,显著低-低集聚区域单元数增加了 120 个,空间上表现为毛乌素沙地区域的高值区向周围扩散,黄河下游低值区向周围扩散,2000—2018 年草地生境质量空间集聚特征变化不明显,集聚单元数变化也不大。

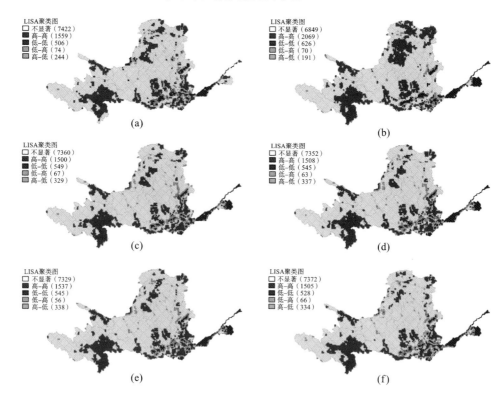

图 4-14　1990—2018 年草地生境质量指数空间自相关图

(a)1990 年;(b)1995 年;(c)2000 年;(d)2005 年;(e)2010 年;(f)2018 年

4.2.5　草地 NPP 空间自相关分析

黄河流域 1990、1995、2000、2005、2010 和 2018 年草地 NPP 的 Moran's I 分别为 0.711、0.729、0.729、0.721、0.721 和 0.717,表明草地 NPP 具有较高的空间自相关性,在此基础上绘制 LISA 聚类图(图 4-15)。1990—2018 年,各期草地 NPP 空间分布存在异质性,从变化趋势来看,1990、2000、2005、2010 和 2018 年草地 NPP 的空间分布具有一致性,但 1995 年黄河下游从显著高-高集聚变为显著低-低集聚,说明该区草地出现了退化或高覆盖度草地转换为低覆盖度草地;1990—2018 年显著低-低集聚区域单元数高于显著高-高集聚区域单元数,显著高-高集聚区域主要分布在黄河河源区所在的青藏高原,另外在毛乌素沙地、秦岭山区以及黄土高原南段有零星分布,显著低-低集聚区域主要集中在黄河河源区、黄土高原西部地区以及黄土高原中部地区,1995 年显著高-高集聚区域单元数和显著低-低集聚区域单元数均高于其他各期的相应单元数。

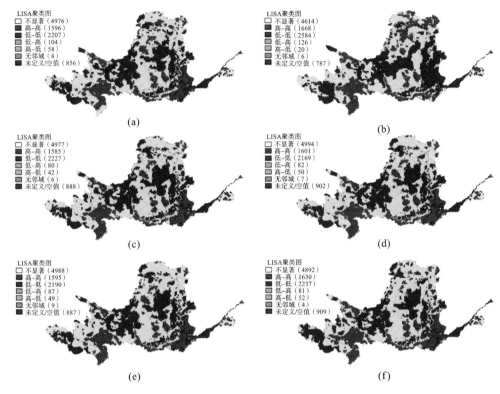

图 4-15 1990—2018 年草地 NPP 空间自相关图

(a)1990 年;(b)1995 年;(c)2000 年;(d)2005 年;(e)2010 年;(f)2018 年

4.3 黄河流域草地生态系统服务功能的地形效应

4.3.1 草地产水功能

1.草地产水深度的坡度效应

笔者将黄河流域草地坡度分为 <5°、5°~<8°、8°~<15°、15°~<25°、25°~35° 和 >35° 六个等级,通过空间叠加分析得到草地各坡度等级下的产水深度(图 4-16)。1990—2018年,黄河流域六个不同等级坡度草地的平均产水深度分别为 26.99 mm、47.44 mm、62.55 mm、89.22 mm、102.66 mm 和 118.65 mm,坡度 >35° 的草地平均产水深度是坡度 <5° 的草地的 4.4 倍,草地产水深度随着坡度的升高而逐渐增大,这主要与各坡度的面积与位置有关,坡度 >35° 的草地占流域总面积比例不足 1%,且分布在降水量较高的上游,所以该地区的平均产水深度大;而坡度 <5° 的草地占流域总面积比例超过 50%,全流域均有分布,由于

面积占比大,所以该地区的平均产水深度较小;<5°、5°~<8°、8°~<15°、25°~35°和>35°五个等级坡度的草地平均产水深度在1990—2018年的变化趋势为减小—增大—减小—增大,而15°~<25°坡度范围的草地平均产水深度变化呈增大—减小—增大—减小—增大的趋势。总体上,各坡度范围的草地产水深度都呈增大的趋势,分别增加了12.23 mm、17.66 mm、22.57 mm、40.89 mm、48.07 mm和40.96 mm。

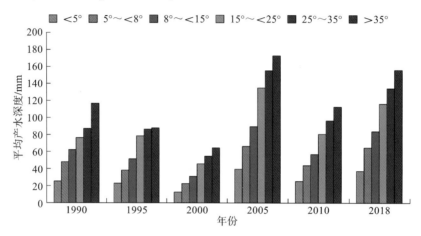

图4-16 1990—2018年不同坡度草地产水深度

2. 草地产水深度的海拔效应

根据黄河流域DEM,笔者将黄河流域分为9个海拔梯度(<500 m、500~<1000 m、1000~<1500 m、1500~<2000 m、2000~<2500 m、2500~<3000 m、3000~<3500 m、3500~4000 m和>4000 m),将海拔梯度图层与产水深度图层进行分区叠加分析,得出研究期不同海拔梯度下草地平均产水深度,结果如图4-17所示。1990—2018年,黄河流域草地产水深度随着海拔不断升高呈先减小后增大的趋势,各海拔梯度下的草地平均产水深度依次为30.60 mm、19.53 mm、14.19 mm、15.08 mm、24.03 mm、29.61 mm、59.36 mm、110.65 mm和109.73 mm,由此可见,产水深度高值区主要分布在海拔3500~4000 m和>4000 m的地区,这些区域主要分布在黄河上游西部地区,该区域分布较多的是中覆盖度草地,降水量大且蒸散发少;海拔<500 m的地区在黄河下游,该地区很少有草地分布,且降水量较上游少,故该区产水量低。

4.3.2 草地碳储存功能

1. 不同坡度下草地碳储量变化

对黄河流域坡度等级图和草地平均碳储量图进行空间叠加分析,得到不同坡度等级下草地平均碳储量的变化(图4-18)。1990—2018年,<5°、5°~<8°、8°~<15°、15°~<25°、25°~35°和>35°六个坡度等级下草地的平均碳储量分别为6640.13 t/km²、6583.38 t/km²、6879.64 t/km²、7457.61 t/km²、8001.44 t/km²和8216.63 t/km²,可见草地平均碳储量基本上随着坡度的不断升高而增加,共增加了1576.50 t/km²,增幅为23.74%。这主要是因为坡度>35°的草地总面积占全流域总面积比例不足1%,且处于黄河上游,以高覆盖度草地和中覆盖度草地为主,平均碳储量高;而坡度<5°的草地面积占全流域总面积的比例超过50%,分布在整个黄河流域,占比大且草地类型齐全,平均碳储量相对较低;8°~<15°坡度范围的草地面积比25°~35°坡度范围的草地面积小,但是草地平均碳储量较小,这主要是由在25°~35°坡度范围的地区高覆盖度草地分布较广,植被覆盖度较高造成的。

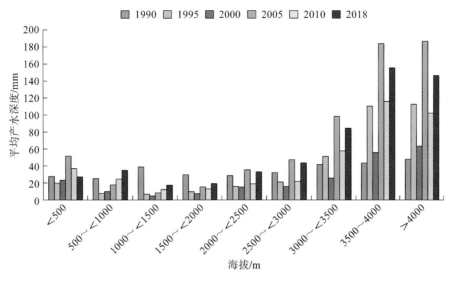

图 4-17 1990—2018 年不同海拔草地产水深度

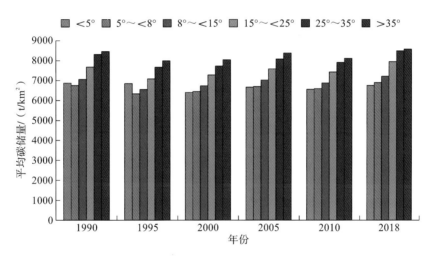

图 4-18 1990—2018 年不同坡度草地碳储量

2. 不同海拔下草地碳储量变化

用类似于坡度的计算方法,统计得出不同海拔草地平均碳储量,如图 4-19 所示。1990—2018 年,<500 m、500~<1000 m、1000~<1500 m、1500~<2000 m、2000~<2500 m、2500~<3000 m、3000~<3500 m、3500~4000 m 和 >4000 m 九个梯度下的草地平均碳储量分别为 8909.05 t/km²、7617.26 t/km²、7022.14 t/km²、6676.51 t/km²、6237.87 t/km²、7189.57 t/km²、9543.17 t/km²、9244.43 t/km² 和 5841.49 t/km²,草地平均碳储量随海拔的升高呈减少—增多—减少的变化趋势,<500 m、500~<1000 m、1000~<1500 m、1500~<2000 m、2000~<2500 m 海拔范围内草地的平均碳储量呈持续减少的趋势,共减少了 2671.18 t/km²,造成草地平均碳储量减少的主要原因是以上较高海拔地区面积占比也较高,但海拔在 2000~<2500 m 范围的地区面积占比较小,而平均碳储量不增反降,这主要是因为低覆盖度草地分布于该地区;2000~<2500 m 至 3000~<3500 m 海拔地区的草地平均碳储量呈增加的趋势,共增加了 3305.30 t/km²,这是因为这两个海拔梯度地区面积

占比较小;3000～<3500 m 比>4000 m 海拔地区的草地平均碳储量减少了3701.68 t/km²,因为这两个海拔梯度地区面积大且低覆盖度草地分布较多,平均碳储量的减少也与这些地区的土壤质地和植被光合呼吸作用有关。

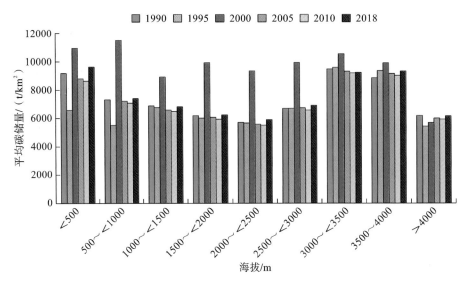

图 4-19 1990—2018 年不同海拔草地碳储量

4.3.3 草地土壤保持功能

1. 草地土壤保持量的海拔分异

笔者将海拔梯度与土壤保持量进行分区叠加分析,得出研究期不同海拔梯度下的平均土壤保持量和土壤保持量(图 4-20)。黄河流域内的草地平均土壤保持量随海拔的上升呈先减少后增加再减少的趋势。前五个海拔梯度地区的草地平均土壤保持量呈持续下降的趋势,共降低 320.31 t/(km²·a);2000～<2500 m 至 3000～<3500 m 海拔范围地区的草地平均土壤保持量呈增加的趋势,共增加了 389.47 t/(km²·a);最后三个海拔梯度内草地平均土壤保持量共减少了 348.91 t/(km²·a)。流域内草地土壤保持量高值区主要集中在海拔 1000～<1500 m,1500～<2000 m 和>4000 m 的地区,其土壤保持量分别为 3.101×10^8 t、1.289×10^8 t 和 1.378×10^8 t,这三个地区土壤保持量之和占全流域土壤保持量的 66.10%,是黄河流域土壤保持的重点区域;而海拔<500 m 地区的草地土壤保持量占比仅为 1.08%,其他几个海拔等级地区的草地土壤保持量相当。

2. 草地土壤保持量的坡度分异

地形是影响土壤保持量的重要因素之一,其中坡度对土壤保持量的影响最大,笔者通过空间叠加分析得出各坡度等级下的草地平均土壤保持量和土壤保持量(表 4-1)。结果显示,黄河流域草地土壤保持量在不同等级坡度下分布差异明显,1990—2018 年,六个坡度等级的草地平均土壤保持量分别为 2463.25 t/(km²·a)、2463.75 t/(km²·a)、2498.17 t/(km²·a)、2559.25 t/(km²·a)、2615.73 t/(km²·a) 和 2652.10 t/(km²·a),草地平均土壤保持量随坡度的增大共增加了 188.85 t/(km²·a),增幅为 7.67%。流域内坡度<5°的草地土壤保持量最多,为 4.243×10^8 t,占全流域土壤保持总量的 48% 以上,是重点维护区

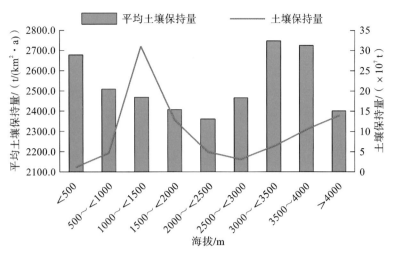

图 4-20　不同海拔草地平均土壤保持量和土壤保持量变化

域;其次是坡度 8°~<15°和 5°~<8°区域,再次为坡度 15°~<25°区域,坡度>35°的草地土壤保持量最少,占比不足 1%。1990—2018 年,不同等级坡度的草地土壤保持量也发生了明显的变化,但都呈下降的趋势,分别减少了 0.822×10⁸ t、0.238×10⁸ t、0.330×10⁸ t、0.124×10⁸ t、0.028×10⁸ t 和 0.003×10⁸ t,各坡度草地土壤保持量各异与各坡度的地理位置和面积有关,还与该坡度草地分布的植被的高度有关。

表 4-1　不同坡度草地平均土壤保持量和土壤保持量

土壤保持相关指标	年份	<5°	5°~<8°	8°~<15°	15°~<25°	25°~35°	>35°
平均土壤保持量/ (t/(km²·a))	1990	2620.52	2607.54	2651.89	2724.66	2798.76	2789.31
	1995	2596.94	2566.45	2582.48	2620.17	2652.16	2672.38
	2000	2514.06	2520.77	2561.00	2617.98	2682.47	2704.15
	2005	2446.17	2452.56	2484.05	2542.30	2591.10	2621.70
	2010	2403.22	2411.28	2447.51	2515.56	2568.93	2678.26
	2018	2201.57	2220.87	2262.08	2334.83	2400.98	2446.81
土壤保持量/(×10⁸ t)	1990	4.571	1.580	2.166	0.844	0.145	0.013
	1995	4.541	1.570	2.142	0.829	0.140	0.012
	2000	4.331	1.514	2.077	0.806	0.134	0.011
	2005	4.162	1.480	2.018	0.783	0.130	0.010
	2010	4.050	1.428	1.958	0.769	0.127	0.010
	2018	3.749	1.342	1.836	0.720	0.117	0.010
土壤保持量占比/(%)	1990	49.05	16.96	23.24	9.06	1.55	0.14
	1995	49.18	17.01	23.19	8.98	1.51	0.13
	2000	48.81	17.06	23.41	9.09	1.50	0.13
	2005	48.49	17.24	23.51	9.12	1.52	0.12
	2010	48.55	17.12	23.47	9.22	1.52	0.12
	2018	48.23	17.26	23.62	9.27	1.50	0.12

4.3.4 草地生境质量

1. 不同坡度草地生境质量变化

将坡度等级图与草地生境质量指数图进行叠加分析,得出黄河流域 1990、1995、2000、2005、2010 和 2018 年不同坡度草地生境质量指数(图 4-21)。黄河流域草地生境质量指数随坡度的不断上升呈先减小后持续增大的趋势,六个坡度等级下的年均草地生境质量指数分别为 0.742、0.740、0.745、0.755、0.764 和 0.766,坡度为 <5°至 5°~<8° 区域的草地生境质量指数呈减小的趋势,减小了 0.002,减幅为 0.27%,坡度为 8°~<15°、15°~<25°、25°~35° 和 >35° 区域的草地生境质量指数持续增大,共增大了 0.026,增幅为 3.51%。其中坡度为 5°~<8° 区域的草地生境质量指数最小,说明该区域是保护和修复的重点区域。1990—2018 年,各坡度等级下草地生境质量整体呈下降趋势,各等级坡度的变化规律均一致,都在 1995—2000 年下降幅度最大,在 2000—2005 有小幅增长,但在 2010 年之后又持续下降,总体上看,生境质量呈下降趋势。

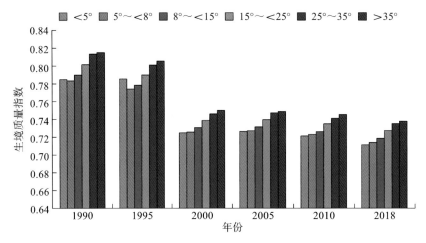

图 4-21　1990—2018 年不同坡度草地生境质量指数

2. 不同海拔草地生境质量变化

将海拔梯度图与草地生境质量指数图进行分区叠加分析,得出黄河流域 1990、1995、2000、2005、2010 和 2018 年不同海拔草地生境质量指数(图 4-22)。1990—2018 年,九个海拔梯度下的年均草地生境质量指数分别为 0.771、0.744、0.742、0.731、0.724、0.741、0.785、0.781 和 0.729,可见草地生境质量指数随着海拔的不断增加呈先减小后增大再减小的趋势,<500 m、500~<1000 m、1000~<1500 m、1500~<2000 m 和 2000~<2500 m 这几个海拔下的草地生境质量指数持续减小,共减小了 0.047,减幅为 6.10%;海拔为 2000~<2500 m 较 3000~<3500 m 范围地区草地生境质量指数增大了 0.061,增幅为 8.43%,而海拔为 3000~<3500 m 较 >4000 m 的地区减小了 0.056,减幅为 7.13%;1990—2018 年,草地生境质量指数在各海拔等级下的变化规律也一致,1990 和 1995 年各海拔等级下的草地生境质量指数高于其他四期,其他四期不同海拔等级下的草地生境质量指数变化并不明显,趋于相等,说明 1995 年之后黄河流域草地生境质量指数变化不大,趋于稳定,但与 1990 年相比,呈下降趋势。

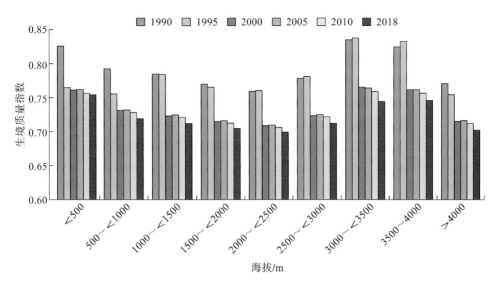

图 4-22　1990—2018 年不同海拔草地生境质量指数

4.3.5　草地 NPP

1. 不同坡度草地 NPP 的变化

将坡度等级图与草地 NPP 图进行叠加分析,得出黄河流域 1990、1995、2000、2005、2010 和 2018 年不同坡度草地 NPP(图 4-23)。六个不同坡度等级下草地 NPP 分别为 226.26 gc/ m²、226.01 gc/m²、230.27 gc/m²、238.06 gc/m²、243.63 gc/m² 和 243.21 gc/m²,随着坡度 的不断增大,草地 NPP 呈先降低后增加再降低的变化趋势,坡度<5°较 5°~<8°区域的草地 NPP 小幅降低,5°~<8°、8°~<15°、15°~<25°、25°~35°四个坡度等级区域的草地 NPP 持 续增加,共增加了 17.62 gc/m²,增幅为 7.80%,坡度>35°区域的草地 NPP 比坡度为 25°~ 35°区域减少了 0.42 gc/m²。整体来看,坡度为 5°~<8°区域的草地 NPP 最低,而坡度为 25°~35°区域的草地 NPP 最高,两者相差 17.62 gc/m²。

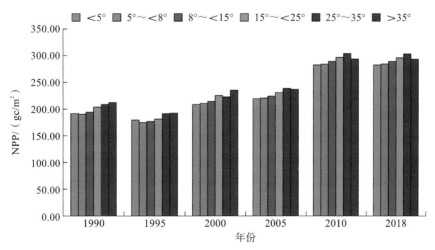

图 4-23　1990—2018 年不同坡度草地 NPP

2. 不同海拔草地 NPP 的变化

将海拔梯度图与草地 NPP 图进行分区叠加分析,得出黄河流域 1990、1995、2000、2005、2010 和 2018 年不同海拔草地 NPP(图 4-24)。1990—2018 年,九个海拔梯度下的草地 NPP 分别为 230.69 gc/m²、213.90 gc/m²、213.50 gc/m²、206.73 gc/m²、202.13 gc/m²、215.88 gc/m²、246.53 gc/m²、243.85 gc/m² 和 204.34 gc/m²,可见草地 NPP 随着海拔的增加呈减少—增加—减少的变化趋势,海拔<500 m、500~<1000 m、1000~<1500 m、1500~<2000 m 和 2000~<2500 m 区域的草地 NPP 呈持续下降的趋势,共降低了 28.56 gc/m²,降幅为 12.38%;海拔 2000~<2500 m 较 3000 m~<3500 m 区域草地 NPP 增加了 44.40 gc/m²,增幅为 21.97%,而海拔为 2500~3000 m 较>4000 m 区域草地 NPP 下降了 42.19 gc/m²,降幅为 17.11%。1990—2018 年,各期内草地 NPP 随海拔的变化均与年均草地 NPP 随海拔的变化一致,2018 年各海拔梯度下的草地 NPP 远高于其他各期,草地覆盖度有所提高。

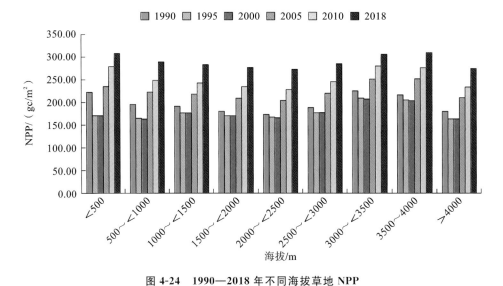

图 4-24　1990—2018 年不同海拔草地 NPP

4.4　总　　结

1990—2018 年,黄河流域平均产水深度呈降低趋势,空间上呈现出比较一致的规律,西北地区产水深度低,西南及东南地区产水深度高,龙羊峡以上等黄河上游地区产水量最高,兰州至河口镇流域为产水量的低值区。1990—2018 年,黄河流域碳储量总体增加 0.18×10⁸ t,碳储量的空间格局变化不明显,碳储量整体呈"西南高,西北低"的空间分布特征,黄河上游、洛河流域、汾河流域以及秦岭区域是碳储量的高值区,碳储量低值区主要分布在黄土高原区域,尤其是黄土高原以北的毛乌素沙地区域以及贺兰山以北、黄河以西的巴丹吉林沙漠区域;黄河流域土壤保持量在 1990—2018 年持续减少,共减少 1.553×10⁸ t,空间分布特征具体表现为上游较中下游高;1990—2018 年黄河流域平均生境质量指数为 0.683,生境质量处于较高水平,生境质量高值区主要分布在上游各流域和太行山区,较低值区主要分布在关中盆地、渭河谷地以及黄河下游平原区;1990—2018 年黄河流域草地 NPP 呈先减少后增加的趋势,总体增加了 83.95 gc/m²,从空间分布来看,草地 NPP 高值区主要分布在黄河下游,包括渭河—关中盆地区域、汾河流域以及花园口以下区域,而低值区主要分布在黄河中游地区,包括兰州至河口镇流域等,整体呈现出东高西低的地带性规律。

1990—2018 年,草地平均产水深度占黄河流域平均产水深度的 76.26%,29 年间草地产水深度整体呈增加的趋势,其中高覆盖度草地产水深度最高;黄河流域草地产水深度随着海拔不断升高呈先降低后升高的趋势,随着坡度的增大而逐渐增加;草地碳储量占整个流域碳储量的 33.95%,研究期间整体呈增加的趋势,平均碳储量随着坡度的增大而增加,随海拔的升高呈减少—增加—减少的变化趋势;研究期间草地土壤保持量呈减少的趋势,平均土壤保持量随海拔的升高呈先减少后增加再减少的趋势,随坡度的增大不断增加。研究期间,草地平均生境质量指数较高,但是整体呈下降的趋势,随坡度的不断增大呈先降低后持续上升的状态,随着海拔的升高呈先减小后增大再减小的趋势;草地年均 NPP 为 233.81 gc/m²,占整个流域 NPP 的 84.20%,草地对整个流域 NPP 的贡献率极大,随着坡度的增大,草地 NPP 呈先降低后增加再降低的变化趋势,草地 NPP 随着海拔的升高呈减少—增加—减少的变化趋势。

5 项草地生态系统服务功能存在空间自相关性,草地产水量空间集聚特征明显,黄河流域西北区域产水量低,西南区域产水量较高,产水量高值区主要集中在龙羊峡以上流域;而草地碳储量、土壤保持量和 NPP 尽管集聚单元数不同,但在空间上表现出类似的集聚特征,高-低集聚区域交叉分布,高-高集聚区域分布于上游若尔盖草原、下游小浪底花园口和渭河谷地周围,低-低集聚区域分布于黄土高原中部。生境质量的高-高集聚区域单元数远高于低-低集聚区域单元数,空间上表现为高值区主要集中在黄河河源区所在的青藏高原,另外在毛乌素沙地、秦岭山区以及黄土高原南段有零星分布。生境质量指数的低-低集聚区域主要集中在黄河下游、关中平原以及汾河谷地区域。

第 5 章

黄河流域生态系统服务功能对草地利用转型的敏感性

5.1 不同土地利用/覆被类型的生态系统服务功能对比

由于不同土地利用/覆被类型的蒸散能力、土壤含水量、枯落物持水量以及冠层截留量均存在差异,因此不同土地利用/覆被类型产水能力存在差异。不同土地利用/覆被类型产水量与该类型土地上植被蒸散发成反比,建设用地无植被截留降水,蒸散发较其他土地利用/覆被类型小,因此产水能力较强,而水域的蒸散能力强,故水域的产水能力较弱。本书利用 ArcGIS 空间分析功能,对各土地利用/覆被类型的产水深度进行分区统计,得到黄河流域各土地利用/覆被类型的平均产水深度(表 5-1),建设用地和未利用地以及高、中、低覆盖度草地产水量较大,其中,建设用地平均产水深度最大(205.00 mm),建设用地无植被截留降水,蒸散发较其他土地利用/覆被类型小,其产水能力最强。其次为未利用地,平均产水深度为 107.55 mm,该土地利用/覆被类型包含沙地、戈壁、盐碱地、沼泽地、裸土地、裸岩石质地,上述土地利用/覆被类型过滤小部分水,降水直接渗入地面或形成径流,其平均产水深度大于耕地、林地,河渠、湖泊等水域平均产水深度最小。

黄河流域林地的平均碳储量最高,为 20097.17 t/km²,其次分别为耕地、高覆盖度草地、中覆盖度草地、低覆盖度草地和未利用地(表 5-1),水域平均碳储量最低,为 8.33 t/km²,植被、微生物、自然因素及人类活动是影响碳储量的主要因素,林地以及中、高覆盖度草地植物较茂盛,植物残体易于积累,土壤发育较好,碳储量较高,而耕地等土地利用/覆被类型土壤发育过程受自然、人为耕种等多种因素的影响,平均碳储量仅次于林地,略高于高覆盖度草地。林地具有较强土壤保持能力,黄河流域林地平均土壤保持量为 5534.84 t/km²,除林地外,平均土壤保持量由高到低依次为高覆盖度草地、中覆盖度草地、低覆盖度草地、水域、耕地、建设用地和未利用地(表 5-1)。

根据通用方程可知,降水侵蚀因子、土壤可侵蚀性因子、坡度坡长因子以及植被覆盖管理因子是影响土壤保持量的主要因素。地形因子及土壤因子具有一定的固定性,自然演替周期较长,在较短时间内不易发生变化,因此土地利用/覆被变化已成为区域土壤保持功能变化的主导因子,且远高于地形因子、土壤因子等自然因子。生境质量指数不仅受土地利用/覆被类型本身的影响,而且受来自一定影响范围内人类活动的影响,但各土地利用/覆被类型生境质量指数一定程度上能够反映出不同土地利用/覆被类型生境质量的优劣,黄河流域生境质量指数较高的土地利用/覆被类型为林地、草地,而耕地和建设用地是威胁源,是影响生境质量的主要因素之一,建设用地和耕地生境质量指数较低(表 5-1)。NPP 是指生态系统中植物群落在单位时间、单位面积上所产生有机物的总量,黄河流域平均 NPP 最高的土地利用/覆被类型为林地,其次为耕地、高覆盖度草地、中覆盖度草地、水域以及低覆盖度草地。

不同土地利用/覆被类型的平均产水能力、平均碳储存能力、平均土壤保持能力、平均生境质量以及平均 NPP 均不同,且不同土地利用/覆被类型的面积存在较大差异,因此上述生态系统服务功能总量在不同土地利用/覆被类型之间存在较大差异(表 5-2)。黄河流域的主要土地利用/覆被类型是草地,2018 年草地面积占整个黄河流域面积的 47.9%,由于草地具有较强的单位面积产水能力、碳储存能力以及土壤保持能力,草地提供了总产水量的52.78%、总土壤保持量的 49.44% 和总碳储量的 34.10%,是黄河流域生态服务功能的主要贡献土地利用/覆被类型。

表 5-1   黄河流域不同土地利用/覆被类型生态系统服务功能表

土地利用/覆被类型	平均产水深度/mm	平均碳储量/(t/km²)	平均土壤保持量(t/km²)	平均生境质量指数	平均 NPP/(gc/m²)
耕地	22.35	13442.50	1778.89	0.59	472.18
林地	18.69	20097.17	5534.84	0.86	522.63
高覆盖度草地	56.80	13109.67	3144.11	0.81	357.35
中覆盖度草地	42.42	6555.17	2492.24	0.72	287.41
低覆盖度草地	43.21	3277.17	2080.31	0.66	243.59
水域	2.09	8.33	2038.56	0.70	250.45
建设用地	205.00	816.00	937.53	0.51	—
未利用地	107.55	2130.83	573.06	0.54	149.04

表 5-2   黄河流域不同土地利用/覆被类型生态系统服务功能总量

土地利用/覆被类型	产水量		碳储量		土壤保持量		平均生境质量指数	平均 NPP/(gc/m²)
	总量/(×10⁸ m³)	占比/(%)	总量/(×10⁸ t)	占比/(%)	总量/(×10⁸ t)	占比/(%)		
耕地	53.03	12.02	27.98	35.68	2.70	17.48	0.59	472.18
林地	27.53	6.24	22.13	28.22	4.38	28.35	0.86	522.63

续表

土地利用/覆被类型	产水量		碳储量		土壤保持量		平均生境质量指数	平均NPP/(gc/m²)
	总量/(×10⁸ m³)	占比/(%)	总量/(×10⁸ t)	占比/(%)	总量/(×10⁸ t)	占比/(%)		
高覆盖度草地	59.17	13.41	10.32	13.16	2.02	13.07	0.81	357.35
中覆盖度草地	96.51	21.87	12.03	15.34	3.52	22.78	0.72	287.41
低覆盖度草地	77.22	17.50	4.39	5.60	2.10	13.59	0.66	243.59
水域	0.20	0.05	0.00	0.00	0.19	1.23	0.70	250.45
建设用地	58.68	13.30	0.25	0.32	0.23	1.49	0.51	—
未利用地	68.92	15.62	1.33	1.70	0.31	2.01	0.54	149.04

5.2 草地生态系统服务功能对区域生态系统服务功能的影响研究

5.2.1 二级流域草地面积变化与区域及草地生态系统服务功能关系的定性分析

黄河上游与下游,草地产水量占区域产水量的比例与草地面积占区域面积比例基本一致,而黄河中游,草地面积占比与草地产水量占比差距较大,尤其内流区,50.64%的草地面积产水量仅占区域产水量的6.26%(图5-1)。区域产水量、草地产水量与草地面积的关系表现出很明显的流域差异。龙羊峡以上及龙羊峡至兰州区域草地面积增加会使得区域产水量和草地产水量增加。兰州至河口镇、内流区、花园口以下草地面积减少,草地产水量减少。龙门至三门峡区域草地面积增加,但其草地产水量和区域产水量减少,通过分析该区域土地利用/覆被类型结构发现,该区域林地面积增加较多,占区域面积比例增加49%,导致产水量大幅度减少,同时草地内部结构相互转换以及降水量的变化,导致该区域草地产水量减少。河口镇至龙门草地面积减少,草地产水量增加而区域产水量减少,三门峡至花园口区域草地面积减少,而区域产水量与草地产水量均增加。总之,草地面积的增加或减少,并不一定会使得一定区域范围内产水量增加或减少,产水量的变化不仅与土地利用/覆被类型有关,还与区域降水量有关,因此会出现明显的区域差异。

1990—2018年,黄河流域碳储量显著增加,8个二级流域碳储量均有增加,其中龙门至三门峡碳储量增加最多,为1886.99×10⁶t,但草地碳储量随着草地面积的增减而增减,兰州至河口镇、内流区、三门峡至花园口及花园口以下草地面积减少,草地碳储量减少,草地面积与碳储量同方向变化。值得一提的是,河口镇至龙门区域,草地面积占区域面积的比例减小1.63%,但是其草地碳储量却增加20.34×10⁶t,这是因为该区域低覆盖度草地减少,且有部分低覆盖度草地转换为高覆盖度草地,而高覆盖度草地碳密度较大,从而出现总面积减少,而草地结构发生变化,该区域草地碳储量反而增加的现象。此外,由图5-2可知,龙羊峡以

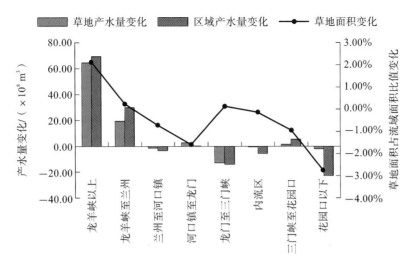

图 5-1　各二级流域草地及区域产水量与草地面积变化关系示意图

上区域碳储量增加最多,但草地碳储量增幅较区域碳储量小,这是因为该区域较高碳密度的土地利用/覆被类型面积增大,该区域林地面积增幅较大,而内流区草地碳储量和区域碳储量变化均较小,这是因为该区域土地利用/覆被类型转换频率较小。龙门至三门峡草地面积的增加并没有使得该区域碳储量增加,综合分析各二级流域土地利用/覆被变化发现,林地面积增加是区域碳储量增加的主要原因,同时,低覆盖度草地向中、高覆盖度草地转换,耕地向草地、林地转换均是该区域碳储量增加较多的主要原因。草地面积与碳储量呈正相关,但对区域碳储量增加贡献不明显。

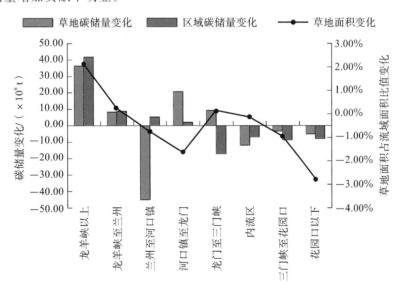

图 5-2　各二级流域草地及区域碳储量与草地面积变化关系示意图

总体来看,1990—2018 年,黄河流域土壤保持量共减少 $3.81×10^8$ t,除龙羊峡以上和花园口以下外,其他区域土壤保持量均减少,其中龙门至三门峡土壤保持量减少 $1.86×10^8$ t,龙羊峡至兰州土壤保持量减少较多,为 $0.93×10^8$ t。与之对应地,大部分区域草地土壤保持量随着草地面积的减少而减少,因草地面积减少导致的土壤保持量的减少占土壤保持量减少总量的约25%,即土壤保持量减少的1/4是因为草地面积的减少,这说明草地对土壤保持能力具有较大的贡献。内流区草地土壤保持量的变化仅占该区域土壤保持量变化的2.71%,因此,在该区域,草地对土壤保持量的贡献非常小。龙羊峡至兰州区域草地面积虽然增加,但是草地土壤保持量却减少,这是因为该区高覆盖度草地面积减少,而低覆盖度草地面积增加。1990—2018年,花园口以下区域草地面积减少,草地土壤保持量减少,但是其区域土壤保持量相对增加,可能的原因是相较于1990年,2018年降水侵蚀因子变小,该区域降水量减少。总体反映出草地面积总量变化与土壤保持量变化无规律,表现出较显著的地域差异(图5-3)。

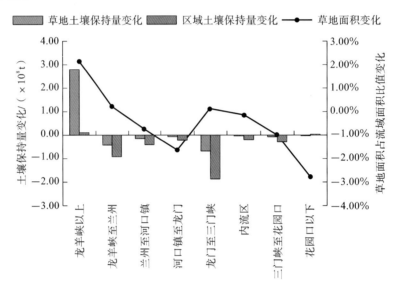

图5-3 各二级流域草地及区域土壤保持量与草地面积变化关系示意图

1990—2018年,黄河流域生境质量指数整体呈下降趋势,具体到各二级流域,兰州至河口镇、河口镇至龙门以及内流区生境质量指数上升,说明这些区域生境质量有所好转。所有二级流域草地生境质量指数均减小,龙羊峡以上、龙羊峡至兰州以及龙门至三门峡草地面积增加,但是其草地生境质量指数减小(图5-4)。生境质量指数是通过建立土地利用数据与威胁因子之间的联系,在综合考虑威胁因子影响距离和强度等因素的基础上,计算威胁因子对生境的负面影响,得到生境的退化程度,然后通过退化程度和生境适宜性计算生境质量指数,因此,生境质量指数不仅与土地利用/覆被类型有关,更与建设用地、耕地等威胁因子及威胁因子影响距离有关,因此,草地面积的增加不一定使得生境质量提升,草地生境质量指数的升降与草地面积变化的关系并不显著,而与人类活动及其影响半径有关,如与草地同耕地、建设用地之间的距离有关。

1990—2018年,黄河流域整体NPP增加,草地NPP变化与全流域变化趋势一致,表现出增加特征,但各二级流域增加幅度表现出两种特征,一种是河口镇至龙门、龙门至三门峡及花园口以下区域NPP增量大于草地NPP增量,另一种是龙羊峡以上、龙羊峡至兰州以及三门峡至花园口草地NPP增量大于区域NPP增量,这与草地面积的增加以及草地内部结构变化有密切关系,龙羊峡以上和龙羊峡至兰州,草地面积占区域面积的比例增大,三门峡至花园口虽然草地面积减少,但其高覆盖度草地面积增加,使得草地NPP增量大于区域NPP增量(图5-5)。河口镇至龙门耕地面积显著增加,而龙门至三门峡林地面积显著增加,

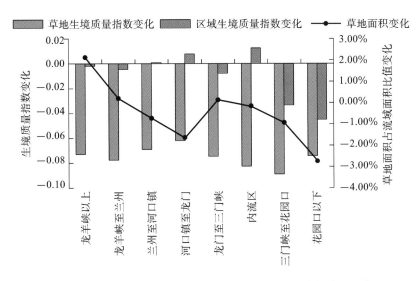

图 5-4 各二级流域草地及区域生境质量与草地面积变化关系示意图

这均有助于区域 NPP 增加。因此,草地面积的增加及草地内部结构变化均会影响区域 NPP,但其影响程度受到不同土地利用/覆被类型的转换面积和转换方向影响。

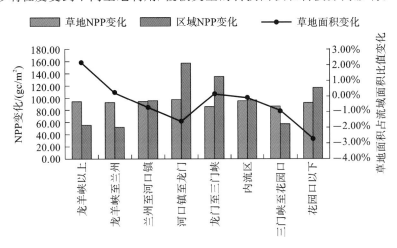

图 5-5 各二级流域草地及区域 NPP 与草地面积变化关系示意图

5.2.2 区域生态系统服务功能对草地与其他土地利用/覆被类型之间转换的敏感性分析

土地利用/覆被变化是影响生态系统服务功能变化的主要因素,草地是黄河流域主要的土地利用/覆被类型,1990—2018 年,草地内部发生了剧烈的变化,草地与其他土地利用/覆被类型的转换也较为频繁,要更明确地探究草地与其他土地利用/覆被类型的变化对生态系统服务功能的影响,需要定量测量生态系统服务功能对草地转型的依赖程度,即生态系统服务功能对草地与其他土地利用/覆被类型之间转换的敏感性。

敏感性测定可以通过特殊形式和计算来实现:明确各影响因素与系统的关联程度,以此确定系统对某些因素变化的敏感性,如目标变动百分比与因素变动百分比的比值。交叉敏感系数是指一种土地利用/覆被类型向另一种土地利用/覆被类型转换时的面积变化对土壤保持功能变化的影响程度,交叉敏感系数弥补了传统土地利用/覆被类型转换分析的缺陷,将两种土地利用/覆被类型之间面积的净转换作为分析对象进行分析,可反映不同土地利用/覆被类型转换过程中对生态系统服务影响的差别。其次,本书将两个相互转换的土地利用/覆被类型基期面积的平均值作为土地利用/覆被类型转换率的基数,用生态系统服务功能的变化率与土地利用/覆被类型之间的净转换率的比值表征生态系统服务功能对土地利用/覆被变化的敏感程度。具体计算公式如下:

$$CCS(j)_{KI} = \left| \frac{\Delta ES_{(j-1,j)}}{\Delta CCL_{KI}} \right| = \left| \frac{(ES_j - ES_{j-1}) / ES_{j-1}}{(IR_{KI} - TR_{IK}) / \frac{A_K + A_I}{2}} \right|$$

式中,ES 表示生态系统服务功能以 $j-1$ 作为研究基准年;$CCS(j)_{KI}$ 为第 j 年土地利用/覆被类型 K 与土地利用/覆被类型 I 相互转换的敏感系数;$\Delta ES_{(j-1,j)}$ 为第 $j-1$ 年至第 j 年生态系统服务变化率;ΔCCL_{KI} 表示土地利用/覆被类型 K 与土地利用/覆被类型 I 之间的净转换率;IR_{KI} 为土地利用/覆被类型 K 转换为土地利用/覆被类型 I 的面积;TR_{IK} 为土地利用/覆被类型 I 转换为土地利用/覆被类型 K 的面积;A_K、A_I 分别为土地利用/覆被类型 K 和 I 基期面积。$CCS(j)_{KI} > 0$ 说明生态系统功能值增减变化与土地利用/覆被类型之间的净转换同方向,$CCS(j)_{KI} < 0$ 为反方向。其绝对值越大,说明生态系统服务价值对两种土地利用/覆被类型之间的净转换越敏感。交叉敏感系数是建立在土地利用/覆被类型向其他土地利用/覆被类型净转换时,其余土地利用/覆被类型之间此时未发生土地利用/覆被类型转换的假设基础上的,其值取决于相互转换的两个土地利用/覆被类型的初始平均面积和生态系统服务功能的变化量,与转换面积大小无关。

由表 5-3 可知,高覆盖度草地与耕地、林地之间的转换,均使得高覆盖度草地面积增加,而耕地与林地面积减少,高覆盖度草地与水域、建设用地及未利用地之间的转换均使得高覆盖度草地面积减少。其中产水量对高覆盖度草地与耕地之间的转换比较敏感。

中覆盖度草地与耕地、未利用地间的转换使得中覆盖度草地面积增加,中覆盖度草地与林地、水域以及建设用地的转换使得中覆盖度草地面积减少。

低覆盖度草地与水域及未利用地的转换使得低覆盖度草地面积增加,而与耕地、林地、建设用地的转换,均使得低覆盖度草地面积减少。

表 5-3　黄河流域生态系统服务功能对草地利用转型的交叉敏感性

生态系统服务功能	耕地	林地	水域	建设用地	未利用地
高覆盖度草地	耕地↓,高覆盖度草地↑	林地↓,高覆盖度草地↑	高覆盖度草地↓,水域↑	高覆盖度草地↓,建设用地↑	高覆盖度草地↓,未利用地↑
产水量	+99.96%	+30.67%	+53.47%	+11.87%	+13.53%
碳储量	+1.32%	+0.40%	+0.71%	+0.16%	−0.17%
土壤保持量	−113.00%	−34.86%	+60.78%	+13.49%	+15.38%
生境质量指数	+8.47%	−2.60%	+4.53%	+1.01%	+1.14%
NPP	+203.37%	+62.39%	−108.78%	−24.16%	−27.54%

续表

生态系统服务功能	耕地	林地	水域	建设用地	未利用地
中覆盖度草地	耕地↓,中覆盖度草地↑	林地↑,中覆盖度草地↓	中覆盖度草地↓,水域↑	中覆盖度草地↓,建设用地↑	中覆盖度草地↑,未利用地↓
产水量	+21.56%	+21.56%	−16.25%	−166.23%	+9.71%
碳储量	+0.28%	−0.21%	+0.22%	−0.13%	+0.19%
土壤保持量	−24.51%	+18.47%	+188.96%	+11.03%	+16.77%
生境质量指数	+1.83%	+1.38%	+14.09%	+0.82%	−1.25%
NPP	+43.86%	−33.06%	−338.19%	−19.76%	30.12%
低覆盖度草地	耕地↑,低覆盖度草地↓	林地↑,低覆盖度草地↓	低覆盖度草地↑,水域↓	低覆盖度草地↓,建设用地↑	低覆盖度草地↑,未利用地↓
产水量	−29.93%	−36.67%	+454.81%	−6.81%	+2.99%
碳储量	−0.39%	−0.48%	+6.01%	−0.09%	+0.39%
土壤保持量	+34.08%	+41.68%	−517.00%	+7.74%	−3.40%
生境质量指数	+2.54%	+3.10%	−38.56%	+0.06%	−0.25%
NPP	−60.88%	−74.60%	925.27%	−13.86%	6.09%

5.3　总　　结

黄河流域不同土地利用/覆被类型的生态系统服务功能各异,其中建设用地,高、中、低覆盖度草地的产水量较其他土地利用/覆被类型高;林地的平均碳储量最高,其次为耕地和高覆盖度草地;林地的平均土壤保持量最高,其次为高、中、低覆盖度草地;林地和高、中、低覆盖度草地的生境质量指数大于0.6,生境质量处于较高水平,建设用地生境质量指数最低;NPP最高的土地利用/覆被类型为林地,其次为耕地和高覆盖度草地。

黄河流域主要土地利用/覆被类型为草地,草地是黄河流域生态系统服务功能的主要贡献者,产水量占比达76.26%,土壤保持量占比为49.44%,碳储量占比为33.56%,草地生境质量处于较高水平。通过对黄河流域各二级流域与草地生态系统服务进行定性分析发现,草地面积的增加或减少,并不一定会使得一定区域内产水量增加或减少,产水量的变化不仅与土地利用/覆被类型有关,还与区域降水量有关,因此会出现明显的区域差异;草地碳储量随着草地面积的增减而增减,但由于各二级流域内的土地利用/覆被类型转换和各土地利用/覆被类型的碳储量变化不同,草地碳储量对区域碳储量贡献不明显;草地土壤保持量基本随着草地面积增减而增减;草地面积增加不必然使得生境质量提升。草地生境质量指数的升降与草地面积变化的关系并不显著,而与人类活动及其影响半径有关,如与草地同耕地、建设用地之间的距离有关;草地面积增加及草地内部结构变化均会影响到区域NPP,但其影响程度受到不同土地利用/覆被类型的转换面积和转换方向制约。

根据交叉敏感系数分析黄河流域生态系统服务功能对草地与其他土地利用/覆被类型之间的转换的敏感性,其结果显示,黄河流域产水量对耕地与高覆盖度草地之间、中覆盖度草地与建设用地之间以及低覆盖度草地与水域之间的转换较敏感;碳储量对耕地与高覆盖度草地之间、低覆盖度草地与水域之间的转换较为敏感;土壤保持量对高覆盖度草地与水域之间、中覆盖度草地与水域之间以及低覆盖度草地与水域之间的转换较敏感;生境质量指数对高覆盖度草地与耕地之间、中覆盖度草地与水域之间、低覆盖度草地与水域之间的转换较敏感。

第 6 章
黄河流域草地生态系统服务功能权衡与协同关系及其驱动因素

本书第 4、5 章在评估黄河流域各类生态系统服务功能的基础上,识别了不同土地利用/覆被类型的各项生态系统服务空间分布差异,并重点探讨了草地生态系统服务功能的空间自相关特征、地形效应以及区域生态系统服务对草地面积变化的敏感性。生态系统提供多重服务,服务种类的多样性、空间分布的不均衡性以及人类使用的选择性使得各种服务之间产生相互作用、相互联系、相互交织的关系,而且它们之间的关系是动态变化的,具体表现为此消彼长的权衡关系和同减同增(相互增益)的协同关系。所谓权衡是指某些类型生态系统服务的供给,由于其他类型生态系统服务使用的增加(减少)而减少(增加)的状况,协同是指两种或多种生态系统服务同时增加(减少)的情形。分析生态系统服务之间的权衡与协同关系,有助于更加科学地管理生态系统,促进区域生态环境和经济协调可持续发展。

由于自然地理环境存在地域差异,加上人类的价值判断和社会经济因素,生态系统服务功能被时空异质化,一些功能被放大,一些功能被减小;一些功能时空异质性被增强,一些功能时空异质性被削弱,最终导致生态系统服务权衡与协同关系出现空间异质性。大量研究已经证实了不同区域两两生态系统之间的权衡与协同关系不同,存在显著的地域差异。本书第 4 章探究了黄河流域生态系统服务功能的区域差异性,在不同的流域、不同的地形,其生态系统服务功能表现出明显的异质性,本章在此基础上,探究不同尺度下各项服务功能的权衡与协同关系并揭示其驱动因素。

6.1 研 究 方 法

6.1.1 权衡与协同研究方法

分析研究两个变量之间相关的方向和相关的密切程度,常用的相关系数有 Pearson 系数、Spearman 系数和 Kendall 系数,其中 Spearman 系数又称等级相关系数,是用双变量等级数据进行直线相关分析,对原始变量的分布不作要求,属于非参数统计分析方法,对原始数据的要求较低,对输入变量的总体分布形态或样本容量大小并不作要求,只要两变量的观测值相互成对即可用该系数进行计算,甚至可对由连续变量转化而来的等级数据进行分析,故适用范围很广。

$$P_{X,Y} = \frac{\text{cov}(X,Y)}{\sigma_X \sigma_Y} = \frac{E(XY) - E(X)E(Y)}{\sqrt{E(X^2) - E^2(X)} \sqrt{E(Y^2) - E^2(Y)}}$$

$$r_g = P_{\text{rg}X,\text{rg}Y} = \frac{\text{cov}(\text{rg}X,\text{rg}Y)}{\sigma_{\text{rg}X} \sigma_{\text{rg}Y}}$$

式中,$P_{X,Y}$ 为变量 X 和 Y 的 Pearson 系数;$\text{cov}(X,Y)$ 为两个变量的协方差;σ_X 和 σ_Y 为两个变量的标准差;$P_{\text{rg}X,\text{rg}Y}$ 为应用于原始变量秩次的 Spearman 系数。相关系数(r)的值介于 -1 与 1 之间。其性质如下:当 r 为正值时,表示两个变量正相关;当 r 为负值时,表示两个变量负相关;当 r 为零时,表示两个变量间无线性相关关系;当 $0 < |r| < 1$ 时,表示两个变量之间存在一定程度的线性相关;且 $|r|$ 越接近于 1,两个变量之间的线性关系越密切;$|r|$ 越接近于 0,两个变量之间的线性关系越弱。本书进行相关分析的具体操作步骤如下:在 ArcGIS 软件中应用"创建渔网图"工具在黄河流域生成 15000 个随机点,然后采用"值提取至点"工具获取对应点的 5 项生态系统服务功能值,由于各生态系统服务功能值的量级差异很大,故需要对数据进行标准化,并对数据进行正态分布检验,结果显示各生态系统服务功能值为非正态分布,因此采用 Spearman 系数进行 5 项生态系统服务功能之间的相关分析,相关分析是在 R 语言"corrgram"包中完成的。

6.1.2 生态系统权衡与协同驱动因素

1. 随机森林模型

随机森林(random forest,简称 RF)是一个包含多个决策树的分类器,并且输出的类别由个别输出的类别的众数决定。20 世纪 80 年代,Breiman 等发明分类树算法,通过反复二分数据进行分类或回归,该算法使得计算量大大降低。2001 年,Breiman 把分类树组合成随机森林,即在变量(列)的使用和数据(行)的使用上进行随机化,生成很多分类树,再汇总分类树结果。随机森林对多重共线性不敏感,可以很好地预测多达几千个解释变量的作用。

随机森林模型原理如下。与其他模型一样,随机森林模型可以解释若干自变量(X_1,X_2,$\cdots$,X_k)对因变量 Y 的作用。如果因变量 Y 有 n 个观测值,有 k 个自变量与之相关,在构建分类树的时候,随机森林会随机地在原数据中重新选择 n 个观测值,其中有的观测值被选择多次,有的没有被选到,这是自助法重新抽样的方法。同时,随机森林随机地从 k 个自变量中选择部分变量进行分类树节点的确定。这样,每次构建的分类树都可能不一样。一般情况下,随机森林随机地生成几百个至几千个分类树,然后选择重复程度最高的树作为最终结果,随机森林模型使用均方误差的增长百分比(Inc MSE/(%))来评估每个自变量对因变量的影响程度,该值越大表明该变量的重要性越大。首先构造 $n\text{tree}$ 决策树模型和计算随机替换的 OBB 均方误差(未取样的样品组成的 $n\text{tree}$ out-of-bag 数据),构造如下矩阵:

$$\begin{bmatrix} \text{MSE}_{11} & \text{MSE}_{12} & \cdots & \text{MSE}_{1n\text{tree}} \\ \text{MSE}_{21} & \text{MSE}_{22} & \cdots & \text{MSE}_{2n\text{tree}} \\ \vdots & \vdots & & \vdots \\ \text{MSE}_{m1} & \text{MSE}_{m2} & \cdots & \text{MSE}_{mn\text{tree}} \end{bmatrix}$$

其次,计算重要性得分:

$$\text{score}(X_j) = S_E^{-1} \frac{\sum_{r=1}^{n_{\text{tree}}} \text{MSE}_r - \text{MSE}_{pr}}{n_{\text{tree}}} \quad (1 \leqslant p \leqslant m)$$

式中,n 为原始数据样本的数量;m 为变量的数量。

本书根据前人研究结果、数据的可获得性和经验判断选取了 7 种自然-社会因素,包括降水量、气温、海拔、坡度、国内生产总值(GDP)、人口密度(POP)和植被覆盖度(NDVI)。将5 项生态系统服务功能数据和 7 种影响因素数据在 ArcGIS 中创建成渔网图,并采用"值提取至点"工具生成样本数据,经过异常值检验,然后以 7 种影响因素为自变量,生态系统服务功能为因变量,用 R 语言的"randomforest"包构建自然-社会因素与 5 项生态系服务功能间的随机森林模型。

2. 地理加权回归模型

在空间分析中,变量数据一般都是以某一地理单元为抽样单位得到的。因此,变量之间的关系或结构会随着地理位置变化,这种变化被称为空间非平稳性。在地理统计中,一般认为引起空间非平稳性的原因主要有以下三点:第一,随机抽样误差引起的变化;第二,用于分析空间数据的模型与实际不符,或忽略了模型中应有的回归变量;第三,不同地区的自然环境和社会经济条件等引起变量间关系随地理位置发生变化。由于空间非平稳性在时空数据中是普遍存在的,采用一般的线性回归方程模型或非线性回归函数,通常会掩盖变量之间的局部特性,很难得到满意的结果。为解决这一问题,Fortheringham 等总结局域回归和变参回归思想后,基于局部光滑思想提出了地理加权回归(geographically weighted regression,GWR)模型,该模型遵循地理学第一定律,将空间关系作为权重嵌入回归参数中,可以有效探测空间关系的非平稳性。GWR 模型原理如下。

GWR 模型是对普通线性回归模型的扩展,对于某一个变量 y,在研究区域内有 n 个样本点,则 GWR 方程被定义为

$$y_i = \beta_0(u_i, v_i) + \sum_{k=1}^{p} \beta_k(u_i, v_i) x_{ik} + \varepsilon_i \quad (i = 1, 2, \cdots, n)$$

式中,(u_i, v_i) 为第 i 个样本点的坐标(如经纬度),$\beta_k(u_i, v_i)$ 是第 i 个样本点上的第 k 个回归参数,是地理位置函数,ε_i 取值 $N(0, \sigma^2)$,$\text{cov}(\varepsilon_i, \varepsilon_j) = 0 (i \neq j)$。为简便起见,将上式写为

$$y_i = \beta_{i0} + \sum_{k=1}^{p} \beta_{ik} x_{ik} + \varepsilon_i \quad (i = 1, 2, \cdots, n)$$

若 $\beta_{1k} = \beta_{2k} = \cdots = \beta_{nk}$,则认为回归系数不随空间位置变化而变化,GWR 模型就退变为普通线性回归模型。

采用加权最小二乘准则对 GWR 模型进行估计,分别对每个样本点 i 建立目标函数。假设回归系数为连续的表面,距离相近的回归系数是相似的,以某一观测点及其邻近点作为样本,构建局域的回归函数。通过随空间距离衰减的权重 w_{ij} 反映各邻近观测值对 i 点参数估计的重要性程度,这样做的目的是充分利用已有数据和减少偏差的增加。第 i 个样本点的目标函数如下:

$$f(\beta_{i0}, \beta_{i1}, \cdots, \beta_{ip}) = \min \sum_{i=1}^{n} w_{ij} \left(y_j - \beta_{i0} - \sum_{k=1}^{p} \beta_{ik} x_{ik} \right)^2$$

式中,w_{ij} 为第 i 个样本点与其他样本点 j 之间的核函数,与距离 d_{ij} 相关。

回归系数的最小二乘估值 $\hat{\beta}_i$ 可以表示如下:

$$\hat{\beta}_i = \begin{bmatrix} \hat{\beta}_{i0} \\ \hat{\beta}_{i1} \\ \vdots \\ \hat{\beta}_{ip} \end{bmatrix}$$

GWR 的空间核函数表示如下：

$$\mathbf{W}_j = \begin{bmatrix} w_{i1} & 0 & \cdots & 0 \\ 0 & w_{i2} & \cdots & 0 \\ \vdots & \vdots & & \vdots \\ 0 & 0 & \cdots & w_{in} \end{bmatrix}$$

第 i 个样本点的回归参数 $\hat{\beta}_i$ 估计值如下：

$$\hat{\beta}_i = (\mathbf{x}^\top \mathbf{W}_i \mathbf{x})^{-1} \mathbf{x}^\top \mathbf{W}_i \mathbf{y}$$

式中，自变量 $\mathbf{x}$ 和因变量 $\mathbf{y}$ 分别如下：

$$\mathbf{A} = \begin{bmatrix} 1 & x_{11} & x_{12} & \cdots & x_{1p} \\ 1 & x_{21} & x_{22} & \cdots & x_{2p} \\ \vdots & \vdots & \vdots & & \vdots \\ 1 & x_{n1} & x_{n2} & \cdots & x_{np} \end{bmatrix} \quad \mathbf{y} = \begin{bmatrix} y_1 \\ y_2 \\ \vdots \\ y_n \end{bmatrix}$$

第 i 个样本点观测值 $\mathbf{y}_i$ 的拟合值 $\hat{y}_i$ 如下：

$$\hat{y}_i = \mathbf{x}_i \hat{\beta}_i = \mathbf{x}_i (\mathbf{x}^\top \mathbf{W}_i \mathbf{x})^{-1} \mathbf{x}^\top \mathbf{W}_i \mathbf{y}$$

式中，$\mathbf{x}_i$ 表示矩阵 $\mathbf{A}$ 的第 i 行向量。与多元线性回归的帽子矩阵 $\mathbf{H}$ 相似，将 $\mathbf{S}_i = \mathbf{x}_i (\mathbf{x}^\top \mathbf{W}_i \mathbf{x})^{-1} \mathbf{x}^\top \mathbf{W}_i$ 称为第 i 个样本点的帽子向量，则 $\hat{y}_i = \mathbf{S}_i \mathbf{y}$，投影矩阵 $\mathbf{S}$ 表示如下：

$$\mathbf{S} = \begin{bmatrix} \mathbf{S}_1 \\ \mathbf{S}_2 \\ \vdots \\ \mathbf{S}_n \end{bmatrix} = \begin{bmatrix} \mathbf{x}_1 (\mathbf{x}^\top \mathbf{W}_1 \mathbf{x})^{-1} \mathbf{x}^\top \mathbf{W}_1 \\ \mathbf{x}_2 (\mathbf{x}^\top \mathbf{W}_2 \mathbf{x})^{-1} \mathbf{x}^\top \mathbf{W}_2 \\ \vdots \\ \mathbf{x}_n (\mathbf{x}^\top \mathbf{W}_n \mathbf{x})^{-1} \mathbf{x}^\top \mathbf{W}_n \end{bmatrix}$$

通过投影矩阵 $\mathbf{S}$ 乘以观测值向量 $\mathbf{y}$，可以计算求解得到拟合向量 $\hat{y}$。因变量的拟合值为

$$\hat{y} = \begin{bmatrix} \hat{y}_1 \\ \hat{y}_2 \\ \vdots \\ \hat{y}_n \end{bmatrix} = \mathbf{S}\mathbf{y} = \begin{bmatrix} \mathbf{S}_1 \\ \mathbf{S}_2 \\ \vdots \\ \mathbf{S}_n \end{bmatrix} \mathbf{y} = \begin{bmatrix} \mathbf{x}_1 (\mathbf{x}^\top \mathbf{W}_1 \mathbf{x})^{-1} \mathbf{x}^\top \mathbf{W}_1 \\ \mathbf{x}_2 (\mathbf{x}^\top \mathbf{W}_2 \mathbf{x})^{-1} \mathbf{x}^\top \mathbf{W}_2 \\ \vdots \\ \mathbf{x}_n (\mathbf{x}^\top \mathbf{W}_n \mathbf{x})^{-1} \mathbf{x}^\top \mathbf{W}_n \end{bmatrix} \mathbf{y}$$

观测值向量 $\mathbf{y}$ 减去拟合向量 $\hat{y}$，得到残差向量 $\mathbf{e}$：

$$\mathbf{e} = \begin{bmatrix} y_1 \\ y_2 \\ \vdots \\ y_n \end{bmatrix} - \begin{bmatrix} \mathbf{S}_1 \\ \mathbf{S}_2 \\ \vdots \\ \mathbf{S}_n \end{bmatrix} \mathbf{y} = (\mathbf{I} - \mathbf{S}) \mathbf{y}$$

残差平方和 RSS 的计算公式如下：

$$\mathrm{RSS} = \sum_{i=1}^{n} e_i^2 = \mathbf{e}^\top \mathbf{e} = \left[(\mathbf{I} - \mathbf{S}) \mathbf{y} \right]^\top (\mathbf{I} - \mathbf{S}) \mathbf{y} = \mathbf{y}^\top (\mathbf{I} - \mathbf{S})^\top (\mathbf{I} - \mathbf{S}) \mathbf{y}$$

根据 GWR 估计的无偏假设条件,还可进一步推导出如下公式:

$$E(\text{RSS}) = \sigma^2 \text{tr}\left[n - 2\text{tr}(S) + \text{tr}(S'S)\right]$$

式中,tr 表示矩阵的迹,由此可求出误差项方差 σ^2 的无偏估计值:

$$\hat{\sigma}^2 = \frac{\text{RSS}}{n - 2\text{tr}(S) + \text{tr}(S'S)}$$

式中,$2\text{tr}(S) + \text{tr}(S'S)$ 为 GWR 模型的有效参数,$n - 2\text{tr}(S) + \text{tr}(S'S)$ 代表有效自由度。

空间权函数:GWR 模型的核心是空间权重矩阵,它是通过选取不同空间权函数来表达空间位置的不同动态变化。根据带宽可将空间权函数分为固定型和调整型(带宽是指样本点所影响的范围,样本点为圆心,带宽为半径),固定型权函数是指给定最优带宽,在带宽范围内,使 GWR 模型的拟合效果最优。调整型权函数是给定与估测点邻接的 n 个点,使得拟合效果最优。

本书主要采用距离反比函数。最优带宽选择:空间权函数带宽对 GWR 模型的估计结果会产生很大影响,带宽过大会纳入对估计结果影响不大的点,带宽太小会导致结果过于拟合。因此,需要合适的带宽来确保 GWR 估计的准确性。目前通用的带宽选择方法有广义交叉检验法(generalized cross validation,GCV)和赤池信息量准则法(Akaike information criterion,AIC)。本书采用 AIC,该方法基于极大似然函数被提出,相对于 GCV 来,AIC 运用更广泛一些,可以用来选择回归方程自变量,也可以用于时间序列分析中自回归系数模型的定阶。Hurvic 和 Fotherigham 分别将光滑参数选择运用于 GWR 中的权函数带宽选择,其公式如下:

$$\text{AIC} = 2n\ln\hat{\sigma} + n\ln(2\pi) + n\left[\frac{n + \text{tr}(S)}{n - 2 - \text{tr}(S)}\right]$$

式中,$\hat{\sigma}$ 的计算公式如下:

$$\hat{\sigma} = \frac{\text{RSS}}{n}$$

6.2　黄河流域生态系统服务功能不同尺度权衡与协同关系

6.2.1　全域尺度生态系统服务功能权衡与协同关系

本书采用 R 语言 corrgram 函数分析产水、碳储存、土壤保持、生境质量和初级净生产力(NPP)5 种生态系统服务之间的权衡与协同关系,用饼状图表示各生态系统服务功能之间的相关性。

根据 Spearman 系数和饼状图分析黄河流域 1990、1995、2000、2005、2010 和 2018 年 5 种生态系统服务之间的相关性,结果如图 6-1 所示。1990—2018 年,黄河流域各生态系统服务之间的相关系数均不超过 0.5,表明相关程度不高,其中 NPP 与碳储存的相关系数最高,生境质量与碳储存的相关系数次之。除产水与 NPP 和生境质量间有权衡与协同关系变化外,其他各生态系统服务之间的关系均没有变化,具体表现为产水与土壤保持呈协同关系,与碳储存呈权衡关系;NPP 与土壤保持、碳储存、生境质量为协同关系;土壤保持与碳储存、生境质量为协同关系;碳储存与生境质量为协同关系。1990、2000、2010 年产水与 NPP 呈协同关系,1995、2005 和 2018 年产水与 NPP 呈权衡关系;1990、1995、2000 和 2010 年产水与生境质量呈权衡关系,2005、2018 年此两者为弱协同关系。虽然其他服务之间权衡与协同的关系未发生变化,但各权衡与协同程度发生变化,除产水与土壤保持、碳储存与土壤保持的相关系数基本保持不变外,其他各服务之间的相关系数呈波动变化,产水与生境质量由负相关逐渐变为正相关,相关系数逐年增大,其他各组间的相关系数呈减小的趋势,生境质量与碳储存之间的相关系数减小尤为明显。

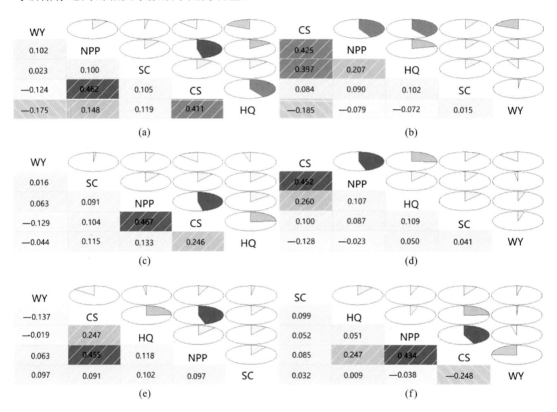

图 6-1 黄河流域 1990—2018 年生态系统服务功能相关关系

(a)1990 年;(b)1995 年;(c)2000 年;(d)2005 年;(e)2010 年;(f)2018 年

注:WY 表示产水,SC 表示土壤保持,CS 表示碳储存,HQ 表示生境质量。蓝色和从左下指向右上的斜杠表示两个变量呈正相关,反过来,红色和从左上指向右下的斜杠表示两个变量呈负相关,颜色越深,饱和度越高说明两个变量的相关性越大,图中上三角单元格用饼状图展示了相同的信息,颜色的含义和下三角单元格相同,但相关程度的大小由被填充的饼状图块的面积来展示,相关性越大则填充的面积越大,正相关则从 12 点钟处顺时针方向填充饼状图,负相关则从 12 点钟处逆时针方向填充饼状图。(下同)

为了进一步明确各项生态系统服务功能权衡与协同关系在空间上的表现,本书采用双变量空间相关分析方法,利用两项生态系统服务功能在空间上的依赖性表征其权衡与协同关系。结果如图 6-2 所示。

在空间上,黄河流域产水与 NPP 以协同关系为主,在河套平原—宁夏平原—兰州—三门峡一带,协同关系表现得尤为突出,河套平原、宁夏回族自治区及兰州等地降水量少且植被覆盖度低,该地区产水量和 NPP 相对较低,陕西至三门峡地区降水丰富,产水量高,且水热条件充沛,有助于植被覆盖度的提高,NPP 较高;而在黄河上游巴颜喀拉山地区和中游延安、陕西等地,产水与 NPP 呈权衡关系,上游降水丰富且分布有永久性冰川雪地,具有较高

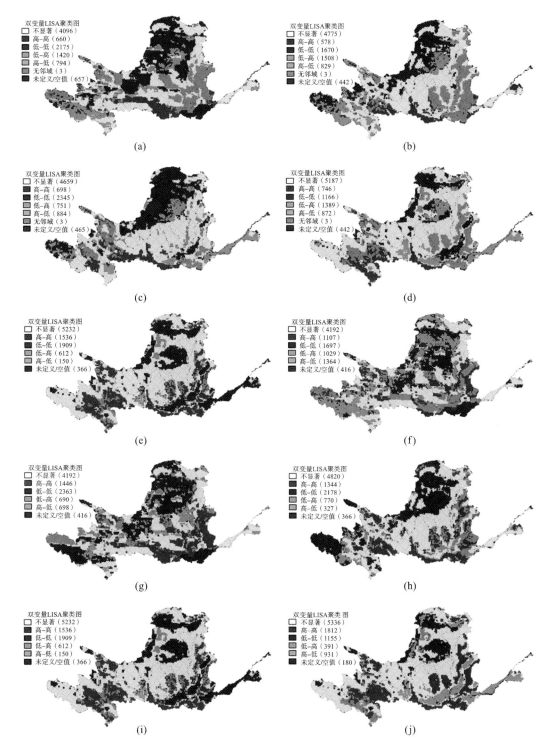

图 6-2　黄河流域生态系统服务功能权衡与协同关系空间示意图

(a)WY-NPP；(b)WY-CS；(c)WY-SC；(d)WY-HQ；(e)SC-NPP；(f)HQ-NPP；

(g)CS-NPP；(h)CS-SC；(i)HQ-SC；(j)CS-HQ

的产水量,同时该地区分布有大量的草地,但是光照不足,温度较低,所以 NPP 较低,而在延安、山西等地区分布有林地,且光照充足,NPP 较高,而林地可消耗大量的水资源,致使该地区的产水量较低,产水与 NPP 呈权衡关系。

产水与土壤保持在全域表现为协同关系,黄河流域中游河套平原、宁夏平原和天水—渭南地区两者呈协同关系,河套平原和宁夏平原降水量少、植被覆盖度低,产水量低,土壤保持量低,在天水—渭南一带,降水充沛,植被覆盖度高,具有较高的产水能力和土壤保持能力,而在湟水、洮河等地,植被覆盖度较高,植被对水分的消耗导致产水量减少,土壤保持量增加,黄河下游小浪底以下地区多为建设用地,产水量较高,相反因为该地区人口密集,人类活动强,植被覆盖度低,导致土壤保持量减少,致使产水与土壤保持呈权衡关系。

产水与碳储存在全域呈现出权衡关系,两者在黄河上游零星地、中游内蒙古、宁夏回族自治区呈协同关系,这些地区降水量低、植被覆盖度低,导致碳储量和产水量均较低。两者呈权衡关系的地区主要分布于黄河上游和中游,上游巴颜喀拉山脉和扎陵湖等地区的低覆盖度草地分布较多,碳储量相对较低,产水量较高,中游延安、汾河和山西因分布有大量的林地,林地具较高的蒸散发和较强的截留能力,故这些地区的产水量较小,同时林地具有较高的碳密度,故该地区具有较高碳储量。

产水与生境质量整体表现为权衡关系,权衡关系与协同关系穿插分布于整个流域,并无明显的分界线,上游玛曲、中游秦岭地区植被覆盖度高、降水量大、人类活动干扰小,因此产水量高、生境质量指数高。河套平原、宁夏平原和关中平原等地处于干旱半干旱地带,水热条件不足,植被覆盖度低,产水和生境质量均较差,两者表现为协同关系。在两者表现为协同关系的地区周围,两者表现为权衡关系,这些地区主要是毛乌素沙地和黄河下游小浪底花园口以下,因其土地利用/覆被类型主要为未利用地和建设用地,下渗少,径流量大导致产水量较高,植被覆盖度低,且黄河下游人口密集,人类活动强,破坏生境的连通性,导致生境质量较差;在兰州以西,太行山山西一带,因植被覆盖度较高,高覆盖度草地和林地分布较多,植被消耗和拦截大量水资源,造成这一地区产水量降低,但因其植被覆盖度较高,人口稀疏,人类活动破坏性较低,生境质量较好,以上地区产水和生境质量呈权衡关系。

NPP 与土壤保持在全域以协同关系为主,两者表现为协同关系的地区主要集中在青藏高原中部、黄土高原北部和南部及黄河下游,因 NPP 具有很强的区域依赖性,随地区植被覆盖度的增加而增加,地区植被覆盖度的变化改变了其抗降水侵蚀因子,间接影响土壤保持量,因此 NPP 与土壤保持量在很大程度上保持一致的变化。NPP 与碳储存也以协同关系为主,从空间分布看,整个黄河流域中大部分地区两者表现出协同关系,两者表现为协同关系的地区贯穿分布于黄河上中游,很明显,植被覆盖度较高的地区 NPP 和碳储量均较高,相对于关中平原、太行山,黄河上游巴颜喀拉山脉,黄土高原北部、中部的植被覆盖度较低,因此这些地区 NPP 和碳储量较低。

NPP 与生境质量整体上呈协同关系,两者呈协同关系的地区大多分布于黄土高原中部、延安和山西等地,黄土高原中部以毛乌素沙地为主,土地利用/覆被类型为沙地和裸地,植被覆盖度低,NPP 低,生境质量指数低;延安和山西植被覆盖度高,水热条件好,NPP 和生境质量指数高。但在黄河河源区、青藏高原和黄土高原等地,散布着 NPP 与生境质量呈权衡关系的区域,这些区域由于人类活动低,远离耕地、建设用地等威胁因子,因此生境质量指数较高,但是这些区域光照不足,温度较低,植物光合作用低,NPP 较低。

土壤保持和碳储存主要表现为协同关系,两者表现为协同关系的地区主要集中于黄河中游黄土高原和秦岭一带,黄土高原主要集中于宁夏回族自治区和毛乌素沙地,因为较低的植被覆盖度和较少的降水量致使该地土壤保持量和碳储量均较低;秦岭一带林地分布较多,植被覆盖度高,碳储量高,土壤保持量较高。而在关中平原以耕地为主的地区,碳密度较低,碳储量低,该地区地势平坦,坡度较小,实际侵蚀量小,因此具有较高的土壤保持量。碳储存和生境质量主要表现为协同关系,河套平原和毛乌素沙地因植被覆盖度低和气候条件较差,碳储量和生境质量指数低,在以林地为主要土地利用/覆被类型的秦岭地区、延安和太行山一带,因其碳密度较高、原始植被良好、人为破坏程度较低,故该地碳储量和生境质量指数同步变化。而在黄河下游和关中平原渭河谷地一带,因土地利用/覆被类型主要为林地、耕地和建设用地,但该地区因地势平缓,人类活动频繁,道路交叉密集,故生境碎片化,连通性差,生境质量指数较低,因此两者在该区域为权衡关系。

　　综上,黄河流域的权衡与协同关系在空间表现出了明显的差异性,生态系统服务功能的权衡与协同关系存在尺度效应,这种尺度效应可能是区域自然资源禀赋与人类活动干扰程度的差异造成的,同时也说明生态系统服务功能的权衡与协同关系存在尺度依赖性。

6.2.2　二级流域生态系统服务功能权衡与协同关系

　　流域是分水线所包围的河流集水区,是一个完整的水文和生境单元,有助于理解不同类型生态系统服务的尺度分异和关键服务的生态过程。黄河流域的 8 个二级流域产水与碳储存、产水与生境质量、碳储存与土壤保持、碳储存与生境质量、碳储存与 NPP、土壤保持与生境质量之间的权衡与协同关系与黄河流域全域均保持一致(表 6-1)。产水与土壤保持、产水与 NPP、土壤保持与 NPP 以及生境质量与 NPP 的权衡与协同关系在二级流域间出现了差异。三门峡至花园口、河口镇至龙门、龙羊峡以上、龙羊峡至兰州以及内流区产水与土壤保持的权衡与协同关系与全域的权衡与协同关系不同,表现为此消彼长的权衡关系,而在花园口以下、兰州至河口镇、龙门至三门峡表现为相互增益的协同关系。花园口以下,生境质量与 NPP、土壤保持与 NPP 的权衡与协同关系与其他二级流域及全域的权衡与协同关系不同,为权衡关系。各个二级流域权衡与协同关系的相关系数及相应特征详见表 6-2。

表 6-1　黄河流域生态系统服务功能的尺度依赖性

生态系统服务类型	全域	二级流域
产水与碳储存 (WY-CS)	权衡关系	8 个二级流域全为权衡关系
产水与土壤保持 (WY-SC)	协同关系	权衡关系:三门峡至花园口、河口镇至龙门、龙羊峡以上、龙羊峡至兰州、内流区 协同关系:花园口以下、兰州至河口镇、龙门至三门峡
产水与 NPP (WY-NPP)	协同关系	权衡关系:三门峡至花园口、河口镇至龙门、花园口以下、龙门至三门峡、龙羊峡至兰州、内流区 协同关系:兰州至河口镇、龙羊峡以上

续表

生态系统服务类型	全域	二级流域
产水与生境质量 （WY-HQ）	权衡关系	8个二级流域全为权衡关系
碳储存与土壤保持 （CS-SC）	协同关系	8个二级流域全为协同关系
碳储存与生境质量 （CS-HQ）	协同关系	8个二级流域全为协同关系
碳储存与NPP （CS-NPP）	协同关系	8个二级流域全为协同关系
土壤保持与生境质量 （SC-HQ）	协同关系	8个二级流域全为协同关系
土壤保持与NPP （SC-NPP）	协同关系	权衡关系：花园口以下 协同关系：三门峡至花园口、河口镇至龙门、兰州至河口镇、龙羊峡以上、龙门至三门峡、龙羊峡至兰州、内流区
生境质量与NPP （HQ-NPP）	协同关系	权衡关系：花园口以下 协同关系：三门峡至花园口、河口镇至龙门、兰州至河口镇、龙羊峡以上、龙门至三门峡、龙羊峡至兰州、内流区

表 6-2　黄河流域各二级流域 5 项生态系统服务功能权衡与协同关系的相关系数及相应特征

二级流域及其在 黄河流域的位置	相关系数	权衡与协同特征
  龙羊峡以上	WY 0.110　NPP −0.138　0.239　CS −0.007　0.015　0.128　SC −0.179　0.130　0.707　0.108　HQ	除产水与土壤保持、碳储存及生境质量呈权衡关系外，其他各生态系统服务之间均呈协同关系，碳储存与生境质量的相关性尤为显著，平均相关系数为0.707，高于全流域碳储存与生境质量之间的相关系数0.413，而其他各生态系统服务之间的相关系数均小于0.5。NPP与碳储存相关系数较高，为0.239，略低于全流域两者之间的相关系数。这说明该流域碳储存与生境质量的相互增益关系相较于全域更为显著。该流域产水与土壤保持之间为权衡关系，与全域不同，即在该流域产水与土壤保持为此消彼长的关系，说明在该区域减少产水，有利于该区域土壤保持，这也从另一方面说明降水是影响该区域产水量与土壤保持量的主要因素

二级流域及其在 黄河流域的位置	相关系数	权衡与协同特征
龙羊峡至兰州	SC 0.085 0.101　0.317　NPP 0.122　0.232　0.560　CS −0.012　−0.061　−0.177　−0.205　HQ WY	产水与其他 4 项生态系统服务功能之间均为权衡关系,与生境质量、碳储存之间的权衡程度较显著。该区域是黄河上游地区,海拔较高,降水丰富,由于该区域草地主要类型为高寒草甸,草层低,草地 NPP 比全流域低,故而出现产水与 NPP 此消彼长的权衡关系。同时,该区域海拔高,坡度大,实际侵蚀量大,而该区域土地利用/覆被类型以中、低覆盖度草地为主,土壤保持功能相对较弱,因此产生了产水与土壤保持之间的权衡关系
兰州至河口镇	WY 0.059 0.029　0.063　NPP −0.084　0.326　0.048　SC −0.169　0.003　0.082　0.297　CS HQ	兰州至河口镇流域 5 项生态系统服务功能之间的权衡与协同关系同全域完全一致,仅产水与生境质量及碳储存呈权衡关系,其余生态系统服务功能之间均为协同关系,但协同关系紧密程度低于兰州以上地区
河口镇至龙门	SC 0.132 0.072　0.440　NPP 0.061　0.384　0.337　CS −0.063　−0.208　−0.302　−0.359　HQ WY	河口镇至龙门流域,除产水与土壤保持及 NPP 外,其他生态系统服务之间的权衡与协同关系同全域一致,该流域地处黄河流域东部,该区域碳储存与 NPP、生境质量与 NPP 以及生境质量与碳储存之间均表现出较强的相关性,上述三对生态系统服务功能在该区域明显协同,相关系数较高,同时产水与 NPP、碳储存以及生境质量之间表现出较强的权衡关系。相比于全域,该区域土地利用/覆被类型多为林地,植被覆盖度较高,NPP、碳储量及生境质量指数较高,但该区域潜在蒸散发大而产水量较小,表现出较强的权衡关系,尤其产水与碳储存之间的权衡关系紧密程度仅次于三门峡至花园口

二级流域及其在 黄河流域的位置	相关系数	权衡与协同特征
内流区	SC 0.126 NPP 0.068 0.236 CS 0.021 0.190 0.653 HQ −0.035 −0.031 −0.255 −0.382 WY	内流区除产水与土壤保持之间、产水与NPP之间与全域有所差异外，其他生态系统服务功能权衡与协同关系与全域一致，该区深处黄河流域内陆，是典型的干旱半干旱气候，降水量少且蒸散发大，是黄河流域产水量低值区，而该区域地势较为平坦，不易造成水土流失，土壤保持量较大，产水与土壤保持表现出了弱权衡关系
龙门至三门峡	SC 0.075 NPP 0.115 0.274 HQ 0.062 0.339 0.344 CS 0.047 −0.014 −0.176 −0.180 WY	产水与NPP表现出权衡关系，与全域相比，该流域产水量较低，黄河流域的林地多分布于此，支持林地的生长需消耗大量的水资源，因此该流域产水量低，同时，林地较其他土地利用/覆被类型的碳密度高，该区具有较高的碳储存能力，因此两者的权衡关系较强，产水与碳储存的相关系数绝对值较大，说明两者间的权衡关系较显著，与全域的权衡与协同关系相比，该流域产水与碳储存之间的权衡关系变强
三门峡至花园口	HQ 0.690 CS 0.248 0.290 NPP 0.136 0.106 0.058 SC −0.380 −0.340 −0.030 −0.060 WY	该流域产水与土壤保持、产水与NPP的权衡与协同关系与全域相反，表现出弱权衡特征，该流域产水量不高，但土壤保持能力较强，NPP较高，表现出权衡关系，因为三门峡至花园口流域面积占比小，原始植被覆盖度高，森林分布多，气候适宜，破坏程度低，因此碳储存与生境质量表现出较强的协同关系。产水与碳储存的权衡关系也较全域强，支撑具有高碳密度的林地生长需要较多的水资源，因此产水与碳储存在该流域表现出较强的权衡关系

续表

二级流域及其在 黄河流域的位置	相关系数	权衡与协同特征
花园口以下	SC 0.130　HQ 0.054　0.521　CS −0.088　−0.167　0.147　NPP 0.006　−0.333　−0.232　−0.011　WY	该流域权衡与协同关系与全域相差较大,除产水与碳储存、生境质量之间表现为权衡关系外,该流域土壤保持与 NPP、生境质量与 NPP 以及产水与 NPP 也呈现出权衡关系,其中土壤保持与 NPP 以及生境质量与 NPP 表现为弱权衡,该流域权衡与协同关系与全域差异最大。该流域处于黄河下游,地势平坦,潜在蒸散发大,产水量较少,但该区域光热资源丰富,耕地是主要土地利用/覆被类型,NPP 较高,但也正因如此,该区域也是黄河流域经济发展区和人口集聚区,作为生境质量威胁源的建设用地高度聚集于此,造成此区域生境质量差,因此产水与 NPP 为权衡关系,产水与生境质量呈强权衡关系。耕地与建设用地碳密度均低于林地、草地,该区域以林地为主,碳储量远低于全域平均水平,故产水与碳储存呈权衡关系,土壤保持与 NPP 呈现出弱权衡关系,说明该流域土壤保持量小于其他流域,总体来看,该流域生态系统权衡与协同关系与全域差异较大,表现出明显的特殊性

为了进一步表征黄河流域二级流域生态系统服务功能权衡与协同关系同流域所处空间位置的关联性,明晰其空间特征,将二级流域按照上、中、下游进行排序,并将各生态系统服务功能间的相关系数用柱状图表示,结果如图 6-3 所示。

从图 6-3 可以看出,各生态系统服务功能整体表现出了明显的流域差异且显示出上、中、下游的地域规律。较明显的是生境质量与 NPP、碳储存与 NPP 以及 NPP 与土壤保持表现出中游地区相关系数高,而上游和下游地区相关系数较低,结合表 6-1,上述三对生态系统服务功能大多数区域为协同关系,说明中游地区协同程度高于上游和下游地区,尤其河口镇至龙门以及龙门至三门峡流域,是黄河流域林地分布主要区域,且有大面积草地,其生境质量指数与 NPP 总体较高。同时,该区域是黄土高原核心区域,由于土壤质地及地形地貌原因,且植被覆盖度高,实际侵蚀量少,土壤保持能力强。因此,在该区域大规模实施退耕还林还草工程,不仅有利于土壤保持,而且有助于增加碳储量。由图 6-3 可知,碳储存与生境质量协同关系的相关系数较高,尤其上游区域以及三门峡以下,其相关系数均高于 0.5,明显高于兰州至河口镇、河口镇至龙门以及龙门至三门峡流域,因为黄河上游是高协同区,生境质量与碳储存服务功能均高,而下游地区是明显的低值区域,生境质量与碳储存服务功能均

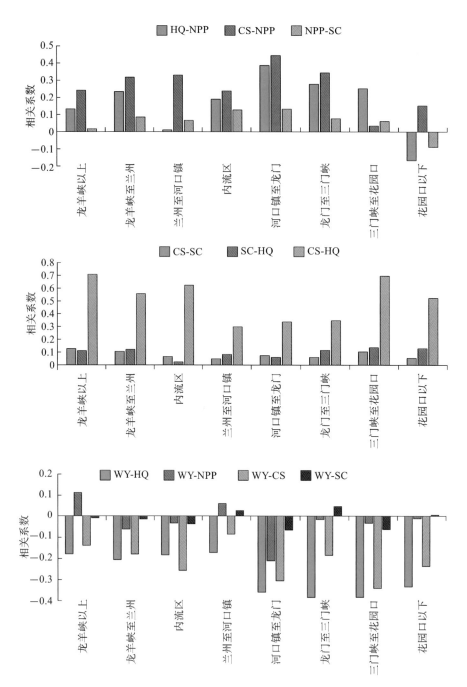

图6-3　黄河流域各二级流域生态系统服务功能之间的相关系数柱状图

弱,两种情况均表现为强协同。

　　产水与生境质量、产水与碳储存之间的权衡关系的相关系数在上游地区小于下游地区,说明下游地区产水与生境质量、产水与碳储存之间的权衡关系更紧密。上游地区降水丰富,且蒸散发小,以草地为主要土地利用/覆被类型,产水能力较大,产水量较下游地区高,上游地区生境质量在全域是最好的,下游地区生境质量较差,同时下游地区因为林地分布较集中且平均碳密度大,总体碳储存服务功能较强,因此上游地区的权衡关系紧密程度小于下游地区,从全域来看,产水与生境质量为此消彼长的权衡关系。

　　生态系统功能源于景观格局(斑块结构、廊道布局和景观多样性等)与生态过程(区域水土过程和全球气候变化)间的相互作用及作用的尺度约束,即生态系统服务功能具有空间异质性与尺度效应,这就决定了生态系统服务功能之间的相互作用关系也具有尺度效应,同时生态系统服务功能之间直接相互作用或共同驱动因素的时空差异也会导致服务间的权衡与协同关系发生变化。黄河流域范围广,东西、南北跨度大,是我国东西过渡地带,过渡性会对区域的阻隔和分异作用产生影响,造成地形、地貌及气候等多方面的差异,这会对生态系统服务产生影响,促使生态系统服务关系差异化,黄河流域从西到东横跨青藏高原、内蒙古高原、黄土高原和黄淮海平原四个地貌单元,东西高差悬殊,不同地区气候差异显著,黄河流域主要属于南温带、中温带和高原气候区,这些差异使得黄河流域内植被、土壤、动物等均表现出显著纬度地带性差异、经度分异,也产生了垂直地带性、坡向分异等自然规律,这促使黄河流域生态系统服务功能高度复杂化、多样化,更重要的是空间的异质性。

　　本书通过全域尺度和二级流域尺度 5 项生态系统服务功能的对比分析,明确了黄河流域生态系统服务功能权衡与协同关系的尺度差异性。随着尺度的缩小,在二级流域尺度范围,笔者发现生态系统服务功能之间权衡与协同关系的差异性,主要表现在产水与土壤保持、产水与 NPP、土壤保持与 NPP、生境质量与 NPP 在二级流域的权衡与协同关系同全域不同,产水与土壤保持在三门峡至花园口、河口镇至龙门等 5 个二级流域表现为权衡关系,主要是因为龙羊峡以上、龙羊峡至兰州这 2 个二级流域位于黄河上游,降水丰沛且蒸散发低,产水量较高,同时该区域坡度大,草地类型多为高寒草甸,草层低,截留降水能力差导致水土保持能力较差。而在河口镇至龙门、内流区和三门峡至花园口这些区域,降水不足且潜在蒸散发较高,而且分布有林地和高覆盖度草地,坡度相对平缓,故产水量低而土壤保持量较高。产水与 NPP 之间的关系和产水与土壤保持之间的关系相似,在黄河上游龙羊峡至兰州,草层低且降水充足;三门峡至花园口、河口镇至龙门和内流区 3 个二级流域位于黄河流域中游腹地,是典型的干旱半干旱气候,降水量少且蒸散发大,是黄河流域产水量低值区,与此同时,2000 年后实施退耕还林还草工程致使绿色植被大面积增加,从而使 NPP 增加,而且 NPP 的增加可以通过增强林冠截留来降低产水量。而在花园口以下地区,光热条件充沛,适宜绿色植物的生长,而且该区是人口密集和工业加工的重点区域,用水量非常大导致产水量低。土壤保持与 NPP、生境质量与 NPP 在二级流域的权衡与协同关系一致,它们在花园口以下均表现为权衡关系,这主要与花园口是建设用地和经济发展之地密切相关,花园口以下地区威胁生境的因子较多,地面多为硬化或者封闭的建设用地,因此土壤保持能力相对较弱;而在其余 7 个二级流域,它们关系与全域一致,为协同关系。因此,以二级流域作为生态系统服务管理单元,能够降低生态调节措施风险,兼顾土壤保持服务和水源供给服务之间的权衡与协同关系,但是也存在一定程度的不足,如本书评估生态系统服务种类不足,无法全面系统地认识黄河流域的生态系统服务,与此同时,模型采用的部分参数是参考了前人相关研究相似区域的文献数据,这会造成误差,因此未来应结合观测数据与遥感数据,评估更多种类的生态系统服务,定量探究生态系统服务之间的相互关系受自然环境、社会经济等因素的影响程度及差异,为生态系统服务管理筛选出适宜的环境条件,促进区域生态系统多种服务可持续发展。

6.3 草地生态系统服务功能的权衡与协同关系

单从草地生态系统服务间的相关性来看,1990—2018 年表现出较一致的规律,产水与其他各服务之间的相关系数很低,一般表现为弱协同关系,其他各服务之间相关系数很大,均大于0.5,表现为极强的协同关系,虽然整体权衡与协同关系未变,但草地各项生态系统服务之间的相关系数呈波动变化,从图 6-4 可知,产水与 NPP、生境质量之间、碳储存与土壤保持之间的相关系数变化不大,呈小幅上升的趋势,其他各组服务之间的相关系数均呈降低的趋势,NPP 与土壤保持的相关系数下降最明显,下降了 0.35,其次是碳储存与土壤保持,下降了 0.24。

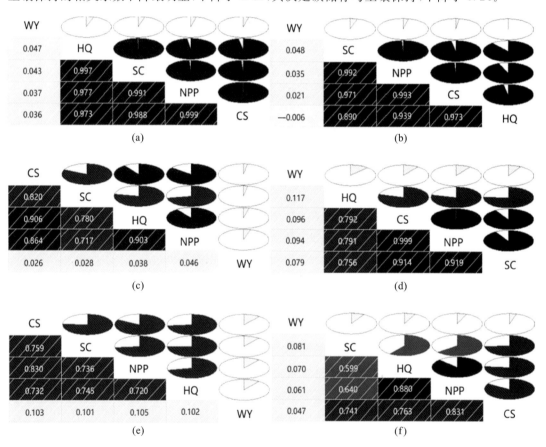

图 6-4　黄河流域草地生态系统服务功能相关关系

(a)1990 年;(b)1995 年;(c)2000 年;(d)2005 年;(e)2010 年;(f)2018 年

结合全域生态系统服务功能权衡与协同关系来看,草地各项生态系统服务的权衡与协同关系与全域生态系统服务的权衡与协同关系差异较大,这说明土地利用/覆被类型的变化影响权衡与协同结果,土地利用/覆被类型的变化影响生态系统服务功能的发挥,生态系统服务功能的评估需要考虑全要素,单纯评估某一生态要素的生态系统服务功能只能反映其大小,并不能反映权衡与协同关系。

为了更直观地表达流域内草地各生态系统服务在空间上的权衡与协同关系,利用

ArcGIS 软件集中的"创建渔网图""值提取至点""分区统计"等工具建立矢量图,应用 GeoDa 软件进行双变量局部空间自相关分析(图 6-5),结果为高-高集聚和低-低集聚表示正相关,为

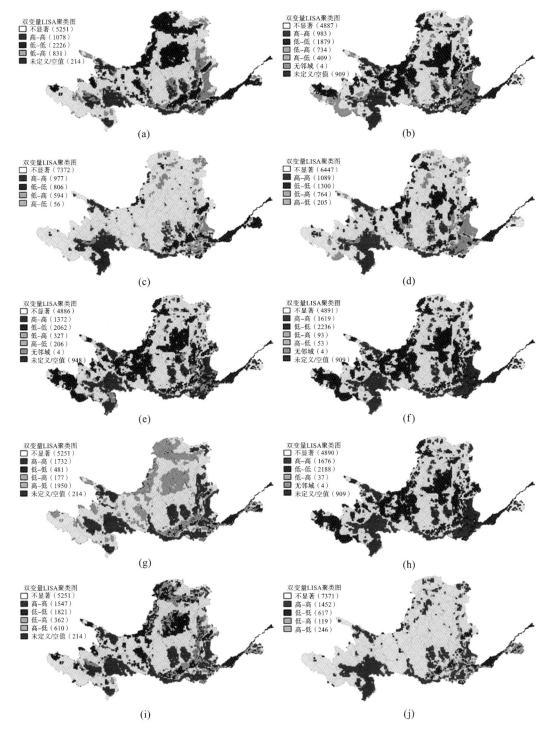

图 6-5　草地系统生态服务功能双变量空间相关分析

(a)WY-SC;(b)WY-NPP;(c)WY-HQ;(d)WY-CS;(e)SC-NPP;(f)CS-NPP;(g)SC-HQ;(h)HQ-NPP;(i)CS-SC;(j)CS-HQ

协同关系,高-低集聚和低-高集聚表示负相关,为权衡关系,结果表明草地生态系统服务之间的权衡与协同关系具有显著异质性。

产水与土壤保持(WY-SC)、产水与NPP(WY-NPP)高-高集聚(高值协同)区域主要分布于甘南高原、祁连山地区以及秦岭地区,低-低集聚(低值协同)区域主要分布于黄河流域北部银川平原、河套平原、毛乌素沙地以及黄河下游。上述区域为产水与土壤保持协同区,而在太行山地区,产水与土壤保持呈现出权衡关系,产水量低而土壤保持量高。

产水与生境质量(WY-HQ)以及产水与碳储存(WY-CS)呈协同关系的区域比较一致,两者高-高集聚区域主要分布在若尔盖草原、甘南高原地区以及大通河流域,上述区域是黄河流域主要的草原地区,降水充沛,是产水量高值区,同时由于该区域植被状况良好,其生境质量指数以及碳储量均为高值,表现为高值协同区。低-低集聚区域有所不同,主要分布于黄河下游,与碳储量的共同低值区分布较为零散,集中分布在内流区、黄土高原以西以及黄河下游地区。权衡(低-高集聚和高-低集聚)区域主要分布在汾河流域,核心分布区为汾河谷地区域。总体表现为低产水量而高生境质量指数和高碳储量。

土壤保持与NPP(SC-NPP)、碳储存与NPP(CS-NPP)的协同区域(高-高集聚区域与低-低集聚区域)均相似,高-高集聚区域主要分布在若尔盖草原、大通河流域、秦岭地区以及汾河谷地区域,低-低集聚区域主要分布在黄河河源地区、青藏高原与黄土高原过渡区域以及黄土高原大部分地区,且大部分地区以协同关系为主,说明土壤保持、碳储存与NPP之间基本上以协同关系为主。

土壤保持与生境质量(SC-HQ)在空间上表现出了大面积的权衡区域(即高-低集聚区域和低-高集聚区域),主要分布在内流区、银川平原以及河套平原,生境质量指数高而土壤保持量小,该区域以未利用地为主,且建设用地、耕地等威胁生境质量的威胁源少,生境质量总体较好,植被覆盖度低,土壤保持功能弱,比较符合实际情况。

碳储存与生境质量(CS-HQ)协同区域主要分布在若尔盖草原、甘南高原以及秦岭地区、渭河谷地区域,碳储量与生境质量指数低值区域少量分布在黄河下游。草地碳储存与土壤保持(CS-SC)的高值区分布在若尔盖草原、大通河流域、秦岭地区以及汾河谷地区域,低值区主要分布在六盘山地区、内流区以及下游地区。

综上可以发现,虽然黄河流域全域草地5项生态系统服务功能基本均为协同关系,但是并不说明在空间上所有地区与流域均表现为同质的协同关系,而是同时存在权衡关系,而且协同关系也存在低值协同和高值协同的差异,这说明草地生态系统服务的权衡与协同关系存在很明显的尺度差异,对研究尺度的依赖性较强。

6.4 草地生态系统服务功能权衡与协同的驱动因素

研究结果已经表明,地形地貌、气候等自然环境因素和经济发展等社会经济因素均会对生态系统服务功能的空间分布产生影响。生态系统服务功能权衡与协同的尺度效应是自然环境因素和社会经济因素综合作用的结果,权衡与协同关系可能随着不同地理区位内自然-社会背景的不同而发生改变。因此,明确生态系统服务之间的空间联系和自然-社会驱动机制对生态系统可持续发展具有重要意义。基于相关研究和黄河流域实际自然-社会背景,考虑选择因子的代表性以及数据的可获得性,结合前文分析影响生态系统服务功能的因素以及相关文献的探讨,本书选择降水量(PER)、气温(TEM)、植被覆盖度(NDVI)、坡度(SLOP)、海拔(DEM)、人口密度(POP)以及国内生产总值(GDP)7 个代表因子探讨生态系统服务功能权衡与协同的驱动因素。

首先基于随机森林模型明确影响不同生态系统服务功能的核心因子,然后借助地理加权回归模型定量探究核心因子与生态系统服务功能的空间回归系数,明确影响程度及影响程度的空间差异。

6.4.1　基于随机森林模型的草地生态系统服务空间分布影响权重

本书采用随机森林模型对 1990—2018 年黄河流域草地 5 项生态系统服务的自然-社会因子进行统计建模,拟合度均在 0.8 以上,表明该模型可以很好地拟合草地生态系统服务的空间分布差异,7 个因子对 5 项草地生态系统服务空间分布的相对影响程度见图 6-6。

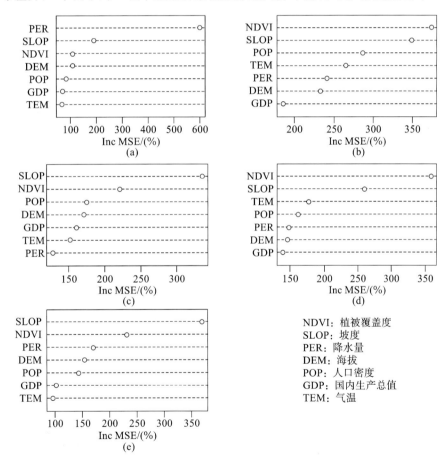

图 6-6　各项生态系统服务空间分布影响因子及影响程度

(a)WY;(b)CS;(c)SC;(d)NPP;(e)HQ

草地产水量空间分布受气候因素的影响更大,尤其是降水量的影响远高于其他因素的影响,这与之前的研究结果一致,坡度对草地产水量空间分布的影响次之,植被覆盖度和海拔对草地产水量空间分布的影响相当,而 GDP 和气温对草地产水量空间分布影响极小。植被覆盖度和坡度是影响草地碳储量空间分布的主要因素,人口密度、气温对草地碳储量空间分布的影响较弱,海拔和GDP对草地碳储量空间分布影响极弱。坡度对草地生境质量空间分布存在决定性的影响,植被覆盖度对其的影响次之,降水量、海拔和人口密度对草地生境质量空间分布的影响呈逐渐减弱的趋势,气温对其的影响最弱。植被覆盖度对草地NPP空间分布的影响最大,坡度次之,气温、人口密度、降水量和海拔对草地NPP空间分布的影响逐渐减弱,GDP对草地NPP空间分布的影响最弱。坡度对草地土壤保持功能空间分布的影响最大,且远高于其他因素的影响,植被覆盖度对草地土壤保持空间分布的影响次之,人口密度对草地土壤保持空间分布的影响处于第三位,海拔、GDP和气温对其影响逐渐减弱,降水量对其影响最弱,几乎没有影响。

6.4.2 基于地理加权回归模型的权衡与协同驱动因素分析

根据随机森林模型对草地各生态系统服务的驱动因子进行模拟,选取影响草地各生态系统服务的前两种因子,采用地理加权回归模型,分别以草地5种生态系统服务功能值为因变量,以影响其空间分布的前两种因子为各自的自变量,得出各个因子的地理加权回归系数,并将地理加权回归系数根据自然断点法分为5个等级,以专题地图的形式展示,更能直观地反映两种因子对草地生态系统服务空间分布的影响。

1. 草地产水量空间分布主要影响因素分析

图6-7显示,降水量对草地产水量空间分布影响显著,降水量作为产水量的重要影响因素,降水量的增加有助于产水量的增加,但是这种作用在空间上存在不平衡,降水量对草地产水量的影响似带状分布,"由西向东"呈递减的趋势,黄河河源区降水丰富,产水量大,主要集中于黑河流域、白河流域、玛曲、玛沁等地,这些区域年降水量远高于其他区域,产水量也较高,洮河流域、祖厉河流域、湟水和清水河流域两者的相关性减弱,而在黄河下游地区两者相关性更弱,尤其是内流区、无定河流域、呼和浩特等地。坡度为影响产水量的第二因素,坡度变化对产水量空间分布同时具备正负影响,坡度与草地产水量负相关的区域主要集中在巴彦高勒、石嘴山、清水河流域、祖厉河流域和洮河流域,贯穿黄河流域中部,将黄河流域分为左、右两个部分,渭河流域部分地区和左部达日地区坡度与草地产水量呈负相关关系,其他各地坡度与草地产水量均呈不同程度的正相关关系,高值区域零星分布于黄河上游和下游的边缘,黄河下游山东等地坡度小,相应的产水量也低。产水量受气候因素的影响较大,

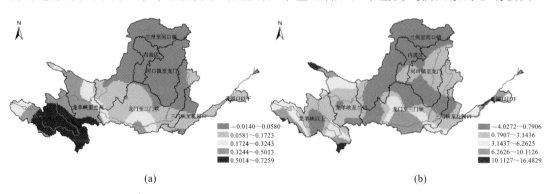

图6-7 降水量及坡度对于草地产水量地理加权回归系数

(a)降水量;(b)坡度

尤其是降水量,这与之前的研究结果一致,产水量是区域水循环过程中综合考虑收(降水)和支(实际蒸散发)平衡的结果,因此产水量除受降水量影响大之外,还受该区域实际蒸散发的影响,而实际蒸散发除了受气象因素(气温、风速、相对湿度和日照时数等)影响外,还直接受制于下垫面土地利用/覆被的影响。土地利用/覆被对实际蒸散发的影响主要通过改变下垫面状况来实现。

2. 草地土壤保持量空间分布主要影响因素分析

降水量增加导致土壤侵蚀加强,从而导致土壤保持量减少,根据 GWR 结果(图 6-8),坡度也是影响土壤保持量的重要因素之一,其地理加权回归系数在空间上表现出差异性,地理加权回归系数最高的地区在黄河下游地区,该地区草地分布极少,草地土壤保持功能弱,而该地区坡度较低。黄河上游地区地形复杂,多为高原山地,大部分地区坡度较大,潜在土壤侵蚀大,土壤保持量较大。植被覆盖度对草地土壤保持量以正向影响为主,这种影响在空间上的差异明显,若尔盖草原地区以及大通河流域、内流区地理加权回归系数高,相关程度较高,其余地区地理加权回归系数较低。

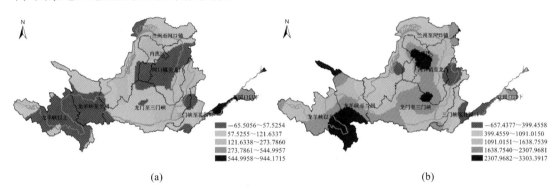

图 6-8　坡度及植被覆盖度对于草地土壤保持量地理加权回归系数
(a)坡度;(b)植被覆盖度

3. 草地碳储量空间分布主要影响因素分析

根据 GWR 结果(图 6-9),植被覆盖度与草地碳储量在空间上以正相关为主,空间分布上的相关性由黄河流域西南部向东北部递减,高值区自西向东呈条状分布于黄河南部地区,主要以玛曲为中心扩散至黑河、白河流域,东至三门峡地区,低值区在整个流域,上游主要集中于玛多地区,中游以宁夏、内蒙古部分地区为主,下游集中于花园口地区。坡度对草地碳储量的影响同时具备正负效应,正相关区域的空间面积大于负相关区域,负相关区域主要在黄河上游黑河、白河流域,中游内流区和无定河流域部分地区、沁河流域两者呈现出负相关关系,其余地区显示出不同程度的正相关关系,黄河下游花园口以下两者正相关性显著,向西部则正相关程度减弱。同时气温对草地碳储量的影响比其他因素重要,该结论与 Zhao 等的研究结果一致,因为在气温高的地区,植被更容易恢复。

4. 草地生境质量指数空间分布主要影响因素分析

生境质量指数空间分布受土地利用/覆被类型的绝对影响,黄河流域生境质量指数整体呈现西高东低的空间特征,主要是因为黄河上游以林地和草地为主,而耕地集中分布在黄河下游区域,因此,草地生境质量指数在上游地区较高。同时,地形、气候、植被覆盖度等自然特征作为相对稳定的内生驱动因子,决定了生境质量指数的空间分布,而社会经济活动作为

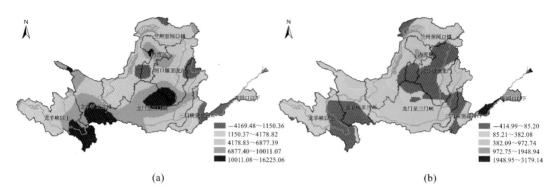

图 6-9　植被覆盖度及坡度对于草地碳储量地理加权回归系数

(a)植被覆盖度；(b)坡度

可管理的外部驱动因素，往往会导致生境质量的退化。从影响草地生境质量指数空间分布的前两个影响因素的地理加权回归系数图(图 6-10)可知，坡度与草地生境质量指数基本呈正相关关系，但也有局部区域呈现出负相关关系，两者在流域中段包括头道拐、万家寨、窟野河流域和无定河流域在内的地区呈负相关关系，两者在黄河下游呈较高程度的正相关关系，这是因为该区域草地生境质量指数极低，坡度也较小，其他地区的正相关程度较弱。植被覆盖度对草地生境质量的影响为正负交替，负相关区域分布于黄河上游的祖厉河和清水河流域，中游集中于汾河流域、华北平原一带，向西扩至陕西延安等地。正相关区域分布于黄河流域边缘地区，包括北部内蒙古、湟水，南部四川及渭河流域周边区域，东部大汶河流域，正相关程度由边缘地区向中心区域逐步减弱。

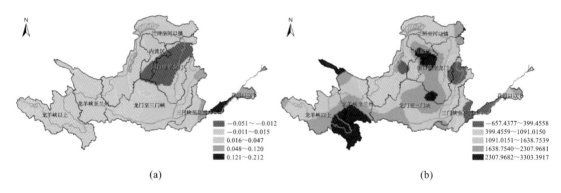

图 6-10　坡度及植被覆盖度对于草地生境质量指数地理加权回归系数

(a)坡度；(b)植被覆盖度

5. 草地 NPP 空间分布主要影响因素分析

根据随机森林模型，影响草地 NPP 主要因素为植被覆盖度和坡度，植被覆盖度对草地 NPP 的影响远高于其他因素，根据 GWR 结果(图 6-11)，草地 NPP 与植被覆盖度的空间分布趋于一致，植被覆盖度对地面植被叶绿素变化敏感且具有较高的时空分辨率，因此植被覆盖度可以很灵敏地反映草地 NPP 的动态变化，植被覆盖度对草地 NPP 的影响也以正向影响为主，其地理加权回归系数在空间上表现出明显的地带性特征，汾河流域及黄河下游地区地理加权回归系数较低，小部分地区呈负相关关系，这些地区草地分布极少，而在黄河上游地区以及黄土高原大部分地区，其地理加权回归系数较高。坡度对草地 NPP 的影响在空间上以正向影响为主,但其地理加权回归系数的空间变化存在较大差异。高坡度地区坡度与草地 NPP 的相关性弱于低坡度地区,黄河流域高坡度地区主要分布在黄河上游,黄河上游也是草地的主要分布区域,相较于下游地区,其草地 NPP 较低,但黄河下游地区草地分布不集中,因此在下游地区两者表现出较高的相关性。在黄河上游地区,草地分布集中,坡度对草地 NPP 的空间分布有更强的解释力,虽然地理加权回归系数不高,但草地的空间分布与草地 NPP 以及坡度分布相吻合,尤其若尔盖草原及甘南高原是草地的主要分布地区,该区域坡度也较大。

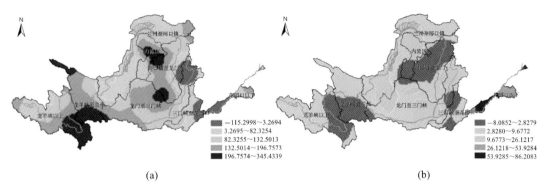

(a)　　　　　　　　　　　　　　　　(b)

图 6-11　坡度及植被覆盖度对于草地 NPP 地理加权回归系数

(a)坡度;(b)植被覆盖度

从随机森林和地理加权的分析结果可知,坡度和植被覆盖度同时是影响草地碳储量、土壤保持量、生境质量指数和 NPP 的重要因素,而草地产水量主要受降水和坡度的影响,这说明草地碳储量、土壤保持量、生境质量指数、NPP 4 项生态服务功能间存在较强的协同关系,相关系数均在 0.6 以上,而产水量与以上 4 项服务间呈弱协同关系,相关系数均在 0.1 左右,它们在 1995 年甚至转变为权衡关系。因此,在单要素管理的过程中,应注意各因素对其产生的影响。

6.5　总　　结

黄河流域 5 项生态系统服务之间的关系在研究期内基本稳定,土壤保持、生境质量、碳储存、NPP 这 4 项服务之间以协同关系为主,协同程度略有不同,这 4 项服务与产水表现为权衡关系,但是在空间表上,权衡与协同关系表现出明显的空间异质性。本书通过分析黄河流域二级流域 5 项生态系统服务功能的权衡与协同关系,发现黄河流域生态系统服务权衡与协同关系具有明显的尺度效应,各二级流域生态系统服务权衡与协同关系与全域不同,且各二级流域之间也不同,各个生态系统服务功能整体上表现出明显的流域差异且显示出明显的地域规律。较为明显的是生境质量与 NPP、碳储存与 NPP 以及 NPP 与土壤保持表现为黄河中游地区相关系数高,而黄河上游和下游地区,其相关系数较低。

在全域生态系统服务权衡与协同关系研究的基础上,本书深入探究了草地生态系统各项服务功能的权衡与协同关系,结果表明草地 5 项生态系统服务功能的权衡与协同关系与全域有着完全不同的结果,5 项生态系统服务功能在研究各期均为协同关系,同时也表现出空间异质性。这表明生态系统服务功能与陆地生态系统是一个有机共同体,草地生态系统与其他生态系统不能独立存在,草地生态系统与其他陆地生态系统相互作用,相互影响,单要素的生态系统服务关系并不能准确反映其本质关系。

　　草地产水量主要受降水量和坡度的影响,碳储存、土壤保持、生境质量和 NPP 主要受坡度与植被覆盖度的影响。本书通过地理加权回归模型分析了草地生态系统服务功能主要影响因素在空间上的异质性,空间异质性的存在使得不同服务功能之间的关系在空间上表现不同,这种关系与地形因素、气候因素密切相关,但其相关的性质和强度随着空间的不同而产生差异,并非线性相关。

第 7 章

黄河流域未来土地利用/覆被变化和生态系统服务多情景模拟

7.1 黄河流域未来土地利用/覆被变化预测

7.1.1 CA-Markov 模型原理及预测步骤

CA-Markov 模型将元胞自动机(cellular automata,CA)模型和马尔可夫(Markov)模型结合起来,利用一个转移概率矩阵来模拟土地利用/覆被随时间的变化。Markov 链模型是以马尔可夫随机过程为理论基础的预测方法,是模拟土地利用/覆被变化的主要工具,非常适用于景观变化不易描述的情形,该模型现已成为地理研究的重要工具。Markov 链过程是通过求出 1 期和 2 期的土地转移概率模拟土地利用/覆被随时间变化的矩阵,以此为基础预测后续变化,计算公式如下:

$$\boldsymbol{P}_{ij} = \begin{bmatrix} P_{11} & P_{12} & \cdots & P_{1n} \\ P_{21} & P_{22} & \cdots & P_{2n} \\ \vdots & \vdots & & \vdots \\ P_{n1} & P_{n2} & \cdots & P_{nn} \end{bmatrix} \quad \text{且} \quad \sum_{j=1}^{n} \boldsymbol{P}_{ij} = 1(i,j = 1,2,\cdots,n)$$

$$\boldsymbol{S}_{t+1} = \boldsymbol{P}_{ij} \times \boldsymbol{S}_{t}$$

式中,$\boldsymbol{S}_t$、$\boldsymbol{S}_{t+1}$ 分别为 t、$t+1$ 时期土地利用/覆被;$\boldsymbol{P}_{ij}$ 为转移概率矩阵;n 为土地利用/覆被类型。

Markov 链过程中没有充分考虑空间参数,无法识别土地利用的空间变异性。而 CA 模型具有模拟包括土地利用在内的各种自然过程时空演化的能力。其特点是时空状态是离散的,是一种"自上而下"的研究思路,CA 模型主要反映系统演化动力学的局部相互作用,可以模拟随机、非线性和空间变化趋势,每个栅格都表示一个元胞,每个元胞代表各自特定的土地利用/覆被,且每个元胞的状态随着邻域状态和转变规则发生改变。研究表明,CA 模型可以模拟土地利用/覆被和城市系统的复杂过程。该模型可定义如下：

$$S(t, t+1) = f(S(t), N)$$

式中，S 为元胞有限、离散状态的集合；f 为元胞状态的转换规则函数；N 为每个元胞的邻域；t、$t+1$ 为两个不同的时刻。CA-Markov 模型结合 Markov 模型长时间序列模拟预测的优势和 CA 模型在模拟空间变化的优势，可较好地预测和模拟土地利用/覆被在数量和空间上的时空格局。

1. 创建适宜性图集

第一步：涉及因素的确定。有研究发现，气候因素和某些环境因素是土地利用/覆被时空分布的重要驱动力，特别是在半干旱地区，因此，选取温度、年均降水量、海拔、坡度和坡向、道路、GDP、人口密度等为主要影响因素。

第二步：影响因素的标准化。各因素的量级与维度不同，因此，采用 IDRISI 软件中的 FUZZY 模块将不同植被类型的影响因子数据统一为 0～255 的标准化数据。

第三步：各因素权重的确定。采用层次分析法（AHP），通过构建判断矩阵确定各因素的权重。

第四步：生成适宜性图集。采用软件中的 MCE（多重标准评价规则）模块将各土地利用/覆被类型结合一组影响因素和约束条件，生成适宜性图集，适宜性图的值被设为 0～255，较高值比较低值更适合该土地利用/覆被类型。

2. 模拟土地利用/覆被图

在本研究中，采用 IDRISI 软件预测黄河流域 2030 年的土地利用/覆被图，主要步骤如下。

第一步：获取转移概率矩阵。将 2000 年作为起始年，2015 年作为最后一年，通过软件的 Markov 模型得出土地利用/覆被转移概率矩阵。

第二步：构造 CA 过滤器。选择 5×5 邻域滤波器为邻域定义，并将单元大小设置为 1000 m×1000 m。

第三步：土地利用/覆被图的模拟。根据黄河流域未来开发与利用政策的可能性，本书设置了三种土地利用情景：自然变化、耕地保护和生态保护。对于自然变化情景，土地利用/覆被变化模式受历史过渡规则的影响，基于黄河流域土地利用/覆被历史转移概率矩阵模拟土地利用/覆被图。考虑到保护耕地的基本国策，而且黄河下游是我国重要的粮食生产区，是优质耕地的集中分布区域，黄河下游地区同时是黄河流域内人口和社会经济发展集中区，该区域经济发展与耕地占用间的矛盾较为突出，我国实行最严格的保护耕地制度，非常重视对耕地尤其是优质耕地的保护，在未来的开发利用中，对耕地保护将会更加严格，以确保区域粮食安全。因此，依据保护耕地的基本国策设定耕地保护情景。

黄河流域高质量发展与生态保护是重要的国家战略，我国重视对流域内生态的保护，注重生态安全格局的打造，林地、草地等生态价值较高土地利用/覆被类型必然会受到特别的保护，对退化草地的恢复以及退耕还林还草均是黄河流域生态保护的必然选择，20 世纪以来，黄土高原区域实施的退耕还林还草工程取得了非常显著的生态效益。因此，依据黄河流域生态保护和高质量发展的战略安排设定生态保护情景。具体情景描述如表 7-1 所示。结合土地利用/覆被转移概率矩阵进行模拟，将转移概率矩阵和适宜性图集输入 IDRISI 软件的 CA-Markov 模型,以 2000 年为初始年,分别基于三种土地利用情景模拟 2015 年的土地利用/覆被图。

表 7-1　不同土地利用情景下土地利用/覆被类型转换规则描述

土地利用情景	情景描述
自然变化	以 1990—2018 年土地利用转移概率进行自然增长的情景模拟
生态保护	严格保护生态系统服务高值区林地、草地(高、中、低覆盖度草地)和水域,限制上述土地利用/覆被类型向其他土地利用/覆被类型转换,而对其他土地利用/覆被类型向林地、草地(高、中、低覆盖度草地)和水域转换不设定限制规则
耕地保护	结合黄河流域主要土地利用/覆被类型转换,基于粮食安全考虑限制耕地向其他任何土地利用/覆被类型的转换,进而体现保护耕地的理念

第四步:精度验证。将 2015 年模拟图和 2015 年现状图(图 7-1)输入 IDRISI 软件的验证模块,以测量结果的可靠性。运用 IDRISI 软件中 Crosstab 模块运算出 Kappa 值,当 $0<$ Kappa 值 $\leqslant 0.5$ 时,表明两幅图的一致性低,模拟效果差,达不到要求;当 $0.5<$ Kappa 值 $\leqslant$ 0.75 时,表示模拟效果一般;当 Kappa 值 >0.75 时,表明两幅图的一致性较高,模拟效果好,精度高。结果表明,三种土地利用情景的 Kappa 值均高于 0.800,表明 CA-Markov 模型在黄河流域土地利用/覆被的模拟中具有较高的适用性。

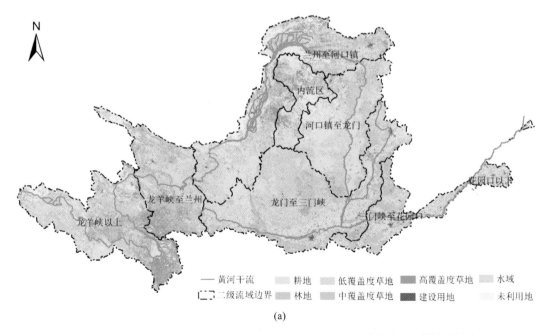

(a)

图 7-1　黄河流域 2015 年实际土地利用/覆被图(a)和预测土地利用/覆被图(b)

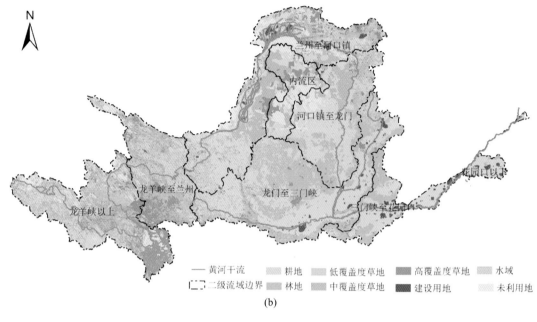

(b)

续图 7-1

7.1.2　2030 年土地利用/覆被变化预测

将 2015 年的土地利用/覆被作为初始状态,输入土地利用/覆被类型转移概率矩阵和适宜性图集,设定 15 为迭代次数,预测 2030 年黄河流域的土地利用/覆被图(图 7-2 至图7-4)。

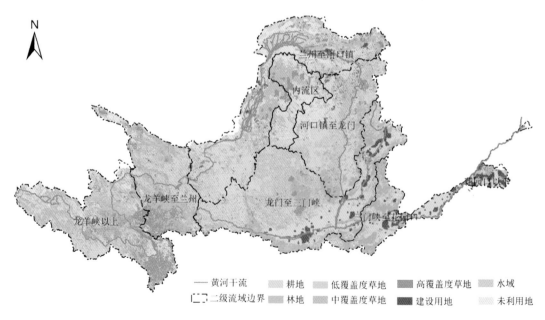

图 7-2　生态保护情景下 2030 年黄河流域土地利用/覆被图

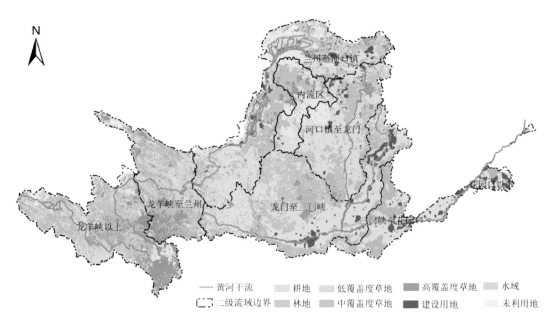

图 7-3 自然变化情景下 2030 年黄河流域土地利用/覆被图

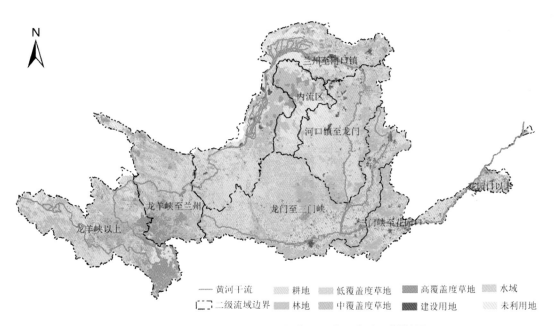

图 7-4 耕地保护情景下 2030 年黄河流域土地利用/覆被图

根据三种土地利用情景模拟的 2030 年黄河流域各土地利用/覆被类型的面积见表 7-2。与 2018 年相比,耕地面积在三种土地利用情景下都有所下降,其中耕地保护情景下降低最少,为 1462 km²。自然变化情景下,由于城镇建设用地的"地摊式"扩张占用了周围的耕地,耕地面积大量减少,减少了 12029 km²。生态保护情景下,由于优先保护生境优良地带,在设置限制性因素时,耕地可单方向转换为生态优越的林地和草地,因此耕地面积减少了 7770 km²。2030 年,林地和高、中、低覆盖度草地的面积在生态保护情景下比 2018 年分别增加了

813 km²、1740 km²、3037 km²和 100 km²。耕地保护情景下,林地和低覆盖度草地面积分别减少了 7335 km²和 3892 km²,高覆盖度草地和中覆盖度草地面积分别增加了 864 km²和 2518 km²;自然变化情景下,林地、中覆盖度草地和低覆盖度草地的面积分别减少了 7876 km²、792 km²和 3860 km²,高覆盖度草地面积增加了 290 km²。水域面积的变化不大,因为在三种土地利用情景下预测土地利用/覆被类型变化时将水域设为第一限制性因素,所以它的转换面积较小。建设用地在生态保护情景下,增量最少,为 81 km²,耕地保护情景下增加了 7188 km²,而在自然变化情景下增量最多,为 22075 km²。未利用地面积在三种土地利用情景下虽然变化不大,但均呈增加的趋势。

表 7-2　不同土地利用情景下黄河流域预测土地利用/覆被面积　　　　单位:km²

土地利用/覆被类型	2030 年			2018 年
	生态保护情景	耕地保护情景	自然变化情景	
耕地	183722	190030	179463	191492
林地	107350	99202	98661	106537
高覆盖度草地	76865	75989	75415	75125
中覆盖度草地	180432	179913	176603	177395
低覆盖度草地	129771	125779	125811	129671
水域	13730	13770	13643	13772
建设用地	28922	36029	50916	28841
未利用地	62960	63040	63240	60919

7.2　未来气候变化预测

气候变暖是毋庸置疑的,科学家指出,人类活动极有可能是 20 世纪中期以来全球气候变暖的主要原因,可能性为 95%以上,因此,1988 年由世界气象组织、联合国环境规划署合作成立了一个附属于联合国的跨政府组织——联合国政府间气候变化专门委员会(IPCC),该组织专门负责研究由人类活动所造成的气候变迁。IPCC 第五次评估报告(AR5)提出了由世界气候研究计划(WCRP)推动的全球耦合模式比较计划第五阶段(CMIP5),该模式根据基本物理原理模拟气候和温度变化,CMIP5 模式是到目前为止应用最广泛的气候变化数据库,建立了 65 个全球气候模式,在既有研究成果的基础上,AR5 采用了新一代温室气体排放情景,该情景称为"典型浓度目标"(representative concentration pathways,RCPs)情景,包含 4 种情景,分别称为 RCP8.5 情景、RCP6.0 情景、RCP4.5 情景和 RCP2.6 情景。RCP8.5 情景是最高的温室气体排放情景,该情景假定人口最多、技术革新率不高、能源改善缓慢等导致长时间高能源需求及高温室气体排放,缺少应对气候变化的政策,辐射强迫上升至 4.5 W/m²,2100 年 CO_2 当量浓度约达 1370 mL/m³;RCP6.0 情景反映生存期长的全球温室气体和生存期短的物质排放,以及土地利用/覆被变化导致到 2100 年辐射强迫稳定在 6.0 W/m²,CO_2 当量浓度约达 850 mL/m³;RCP4.5 情景指到 2100 年辐射强迫稳定在 4.5 W/m²,

CO_2当量浓度约达 650 mL/m³；RCP2.6 情景辐射强迫在 2100 年之前达到峰值，到 2100 年下降到 2.6 W/m²，2100 年 CO_2 当量浓度约达 650 mL/m³。模型预测显示，只有实施减排力度最大的 RCP2.6 情景才有可能抑制未来全球气候变暖，并把温度升高值控制在 2 ℃之内；如果完全不采取任何减排措施（RCP8.5 情景），到 2100 年，CO_2 当量浓度将达 936 mL/m³，其他两种情景介于两者之间，所以本书采用最高排放浓度（RCP8.5）和最低排放浓度（RCP2.6）两种情景预测气候变化。本书采用了北京气象中心气候系统模数数据（BCC-CSM1），统计 RCP8.5 和 RCP2.6 两种情景下 2018—2030 年黄河流域内降水和温度的变化量，以此来预测气候变化。BCC-CSM1 模式的气候预测数据下载自地球系统网格联盟（Earth System Grid Federation，ESGF）网站，其数据格式为 NC 数据，采用双线插值法对粗分辨率预测数据进行降尺度处理，双线插值法是一种提高分辨率水平的简单方法，根据周围四个像素的值来计算目标像素的值，这种方法可以充分保留输入的原始字段特征。对两个数据集进行降尺度后的未来气候变化情景区域统计，得到 2018 年和 2030 年的降水量与气温统计数据（表 7-3）。然后将 2018 年的预测值与实际值进行比较，得出预测值与实际值的偏差。最后将上述偏差应用于 2030 年的数据预测，得出研究区 2030 年的气温和降水量（图 7-5）。

表 7-3　2030 年不同气候情景下的降水量和气温

气候情景	降水量/mm	气温/℃
RCP2.6	404.76	8.49
RCP8.5	405.18	8.81

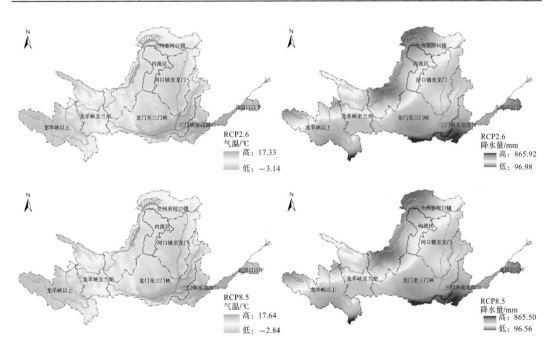

图 7-5　RCP2.6 情景和 RCP8.5 情景下黄河流域 2030 年降水量和气温空间格局图

7.3　不同情景下生态系统服务功能变化

7.3.1　黄河流域生态系统服务功能变化

为了探究不同土地利用/覆被类型及不同气候变化下各生态系统服务功能的变化,本书计算了 2030 年各生态系统服务功能,并与 2018 年的生态系统服务功能进行对比,结果显示,产水量、土壤保持量、生境质量指数持续降低,而碳储量和 NPP 持续增加(表 7-4),具体表现如下。

表 7-4　不同气候和土地利用情景下各生态系统服务功能

生态系统服务功能	气候情景	2030 年			2018 年
		生态保护情景	耕地保护情景	自然变化情景	
产水量/($\times 10^8$ m^3)	RCP2.6	304.08	292.46	293.33	451.69
	RCP8.5	304.99	293.33	294.24	
土壤保持量/($\times 10^8$ t)	RCP2.6	13.828	13.475	13.053	15.46
	RCP8.5	14.463	13.899	13.652	
NPP/(gc/m^2)	RCP2.6	452.01	435.11	419.22	336.99
	RCP8.5	515.42	493.36	482.08	
碳储量/($\times 10^8$ t)	—	80.236	79.153	79.647	78.42
生境质量指数		0.654	0.645	0.643	0.684

RCP2.6 和 RCP8.5 两种气候情景,不同土地利用情景下,黄河流域 2030 年产水量各不相同,其中自然变化情景下黄河流域 2030 年的产水量分别为 293.33×10^8 m^3 和 294.24×10^8 m^3,耕地保护情景下产水量分别为 292.46×10^8 m^3 和 293.33×10^8 m^3,生态保护情景下产水量分别为 304.08×10^8 m^3 和 304.99×10^8 m^3,可见生态保护情景下产水量最高,自然变化情景下次之,耕地保护情景下产水量最低。与 2018 年相比,黄河流域 2030 年产水量均有所下降,从生态保护情景下 2018—2030 年黄河流域土地利用/覆被类型转移弦图(图 7-6)可知,生态保护情景下,草地和建设用地的转入大于转出,面积有所增加,而产水量增加区域正是土地利用/覆被类型多为草地和建设用地的区域,这一结论与赵亚茹等的研究结论一致。林地较深的根系可以有效地拦截降水,同时具有强大的蒸腾作用,因此,林草面积的增加会减少产水量。林地通过林冠层截留降水、枯落物层吸收降水、土壤层蓄渗降水,实现对降水的再分配,减小地表径流,因此林地产水量理论上应该较低。耕地和草地对降水的调节作用与林地类似,但耕地由于植物密度和根系深度等原因,调节作用可能小于草地和林地,相应产水量少于草地和林地。而建设用地由于没有表面覆盖物,且多为水泥地面,降水很难下渗,径流量大,因此产水量也大。因此生态保护情景和自然变化情景下的产水量高于耕地保

护情景;RCP8.5 情景下,黄河流域产水量高于 RCP2.6 情景,因为在 RCP8.5 情景下黄河流域气温和降水量均大于 RCP2.6 情景,而降水量是影响产水量重要因素之一,与产水量呈正相关关系,且 InVEST 模型对降水量参数的变化较敏感,因此两者之间产水量有差异。

2018—2030 年,黄河流域碳储量持续上升,其中生态保护情景下碳储量最高,为 80.236 $\times 10^8$ t,其次是自然变化情景,碳储量为 79.647$\times 10^8$ t,耕地保护情景的碳储量最低,为 79.153$\times 10^8$ t,生态保护情景比自然变化情景下碳储量高 0.589$\times 10^8$ t,从 2018—2030 年碳储量空间变化图可知,碳储量增加的区域面积远大于减少的区域,增加的区域连片分布于黄河流域,而减少的区域零星散布于整个流域。这表明生态保护措施有利于增加碳储量和区域碳平衡。由不同土地利用情景下,2018—2030 年黄河流域土地利用/覆被类型转移弦图(图 7-6 至图 7-8)可知,生态保护情景下林地和高覆盖度草地转入较多,自然变化情景下建设用地转入较多,耕地保护情景下耕地转入较多。从各土地利用/覆被类型的碳密度可知,林地和高覆盖度草地的碳密度高于其他土地利用/覆被类型,如果相应的面积增加,必然会导致碳储量的增加,这与赵亚茹等的研究结果一致,说明陆地生态系统是世界上最大的碳库,其中森林、湿地和草地的碳储存能力比其他生态系统更强,实施生态保护可以促进高碳密度土地利用/覆被类型的发展,增加流域碳储量。结合生态保护情景碳储量变化可知,黄河流域未来应通过城乡建设用地复垦复绿、未利用地开发以及生态用地修复等手段加强建设用地和未利用地向耕地、林地和草地的转换。

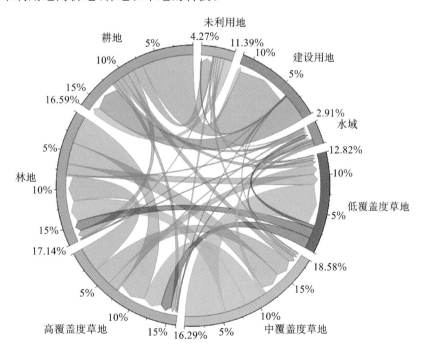

图 7-6　生态保护情景下 2018—2030 年黄河流域土地利用/覆被类型转移弦图

与 2018 年相比,黄河流域 2030 年土壤保持量总体呈下降趋势。两种气候情景,不同土地利用情景下,黄河流域 2030 年土壤保持量也各不相同。RCP2.6 和 RCP8.5 两种气候情景下,自然变化情景下的土壤保持量分别为 13.053$\times 10^8$ t 和 13.652$\times 10^8$ t,耕地保护情景下土壤保持量分别为 13.475$\times 10^8$ t 和 13.899$\times 10^8$ t,生态保护情景下土壤保持量分别为

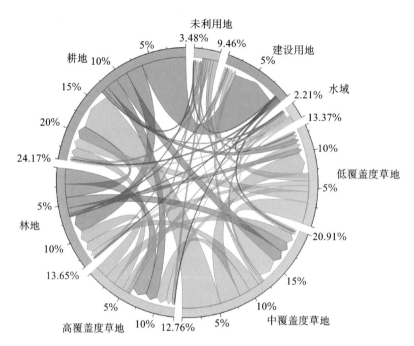

图 7-7　自然变化情景下 2018—2030 年黄河流域土地利用/覆被类型转移弦图

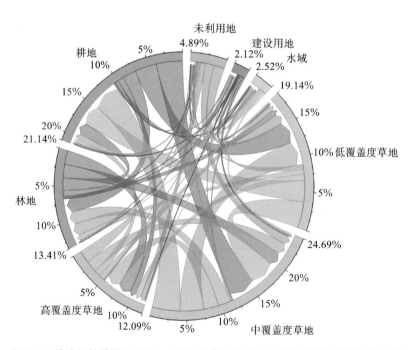

图 7-8　耕地保护情景下 2018—2030 年黄河流域土地利用/覆被类型转移弦图

13.828×10⁸ t 和 14.463×10⁸ t。可见 RCP8.5 情景下的土壤保持量稍高于 RCP2.6 情景，主要是因为 RCP8.5 情景的降水量稍高，降水量对土壤保持量的影响更大，土壤保持量的年际变化主要取决于降水量的年际变化，土壤保持量的计算公式中，土壤保持量主要与降水侵蚀因子(R)、土壤可侵蚀性因子(K)、坡度坡长因子(LS)和植被管理因子(CP)相关,其中 K 与 LS 年际变化较小,CP 主要与土地利用/覆被类型相关且只影响土壤的空间分布,因此 R 是影响土壤保持量的主要因素,而 R 主要由降水量大小决定,所以降水量是导致土壤保持量变化的主要驱动力。而同一气候情景下,生态保护情景下的土壤保持量最高,其次为耕地保护情景,而自然变化情景下的土壤保持量最低。因为土壤保持能力的强弱与生态系统类型和土地植被覆盖类型密切相关,一般而言,林地(特别是混交林)的土壤保持能力最强,其次是草地和耕地,而建设用地和未利用地的土壤保持能力最弱。

2030 年生境质量指数与 2018 年相比有所下降,自然变化情景、耕地保护情景、生态保护情景下的生境质量指数分别为 0.643、0.645 和 0.654,其中生态保护情景下的生境质量指数下降最少,从生境质量指数的空间分布图来看,呈现出西高东低的分布特征,这与区域土地利用/覆被类型高度一致,黄河上游以林地和草地为主,而耕地集中分布在下游区域,因此生境质量指数整体呈现西高东低的空间特征。将 2018 年与 2030 年生境质量指数栅格进行差值运算,得到生境质量指数空间变化情况,总体呈现衰退趋势,大部分区域生境质量指数保持不变,在空间上呈零星分散分布特征,减少区域主要分布在兰州新区、关中盆地、郑州市周边、黄河三角洲区域以及毛乌素沙地和宁夏平原地区(图 7-9)。生境质量指数下降有两种情形:一是城镇建设空间扩展使得城市周边生境质量指数较低的区域逐渐向周围扩大,使生境质量指数较高的区域变为较低的区域,该区域土地利用强度加大,引起威胁源扩张,从而导致生境质量发生退化;二是林地转换为其他土地利用/覆被类型,草地转换为建设用地、耕地或未利用地,水域或未利用地转换为建设用地等情形,生境适宜度下降,生境质量指数下降。同期生境质量指数提升区域分布非常分散,在黄土高原区域、宁夏平原与毛乌素沙地过渡区域以及河套平原区域均有分布。

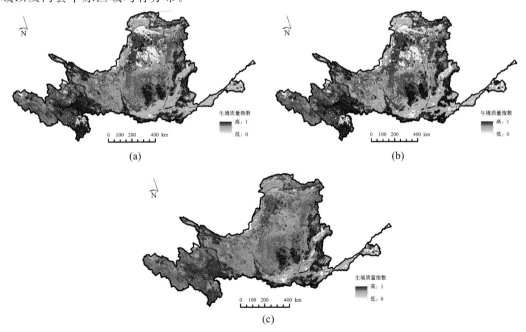

图 7-9　2030 年不同土地利用情景下黄河流域预计生境质量指数

(a)自然变化情景;(b)耕地保护情景;(c)生态保护情景

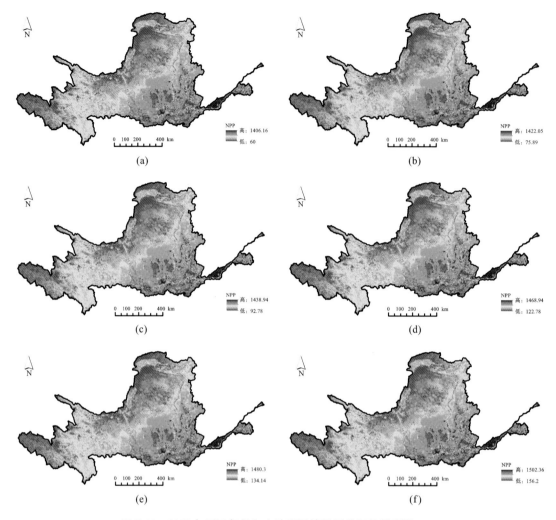

图 7-10 2030 年不同气候和土地利用情景下黄河流域预计 NPP
(a)RCP2.6 自然变化情景;(b)RCP2.6 耕地保护情景;(c)RCP2.6 生态保护情景;
(d)RCP8.5 自然变化情景;(e)RCP8.5 耕地保护情景;(f)RCP8.5 生态保护情景

与 2018 年相比,2030 年 RCP2.6 情景和 RCP8.5 情景下,三种土地利用情景下黄河流域的 NPP 均有所增加,其中自然变化情景下 NPP 分别为 419.22 gc/m² 和 482.08 gc/m²,耕地保护情景下的 NPP 分别为 435.11 gc/m² 和 493.36 gc/m²,生态保护情景下的 NPP 最高,分别为 452.01 gc/m² 和 515.42 gc/m²。空间分布继续呈"南高北低",具体表现为青藏高原和黄土高原、山地丘陵等地的 NPP 较低,而平原和盆地等地的 NPP 较高;高值区主要分布于下游关中平原、中游宁夏和河套平原,这些区域的水热条件充沛且地势较平坦(图 7-10)。RCP8.5 情景下的 NPP 高于 RCP2.6 情景,因为 RCP8.5 情景下的水热条件较 RCP2.6 情景下充足,表明黄河流域 NPP 的变化与降水量呈正相关,这与王爽等的研究结果一致。在同一气候情景下,生态保护情景下的 NPP 高于自然变化情景和耕地保护情景下的 NPP,可见植被覆盖度是影响 NPP 的重要因素之一,在生态保护情景下,相应的草地和林地的面积较大,植被覆盖度高,因此 NPP 高。因此,在未来,政府可采取一系列生态保护、荒漠植被恢复等措施来提高黄河流域 NPP。

7.3.2　黄河流域草地生态系统服务功能变化

高覆盖度草地、中覆盖度草地、低覆盖度草地在生态保护、耕地保护和自然变化三种土地利用情景下的产水量不断增加,低覆盖度草地的产水量约为高覆盖度草地的 3 倍(表7-5),究其原因,一是高覆盖度草地对降水的拦截高于低覆盖度草地,造成径流较小;二是从全流域草地面积来看,低覆盖度草地面积高于高覆盖度草地,因此产水量高;三是各覆盖度草地所处的地带气候环境不同。自然变化情景下,三种覆盖度草地的产水量高于其他两种土地利用情景,从各覆盖度草地面积来看,自然变化情景下的三种草地面积均小于生态保护情景和耕地保护情景下,从转移弦图(图 7-7)可知,草地多转换为产水量较高的耕地、建设用地和未利用地,因此草地的产水量呈下降的趋势;RCP2.6 和 RCP8.5 两种气候情景下,各覆盖度草地呈现出一致的特点:RCP2.6 情景下的产水量低于 RCP8.5 情景,但是相差并不大,因为在土地利用数据、土壤数据不变的情况下,降水量增加会导致径流增加,因此产水量会有所增加。

表 7-5　不同土地利用情景下草地生态系统服务功能汇总表

草地分类	生态系统服务功能	生态保护情景		耕地保护情景		自然变化情景	
		RCP2.6	RCP8.5	RCP2.6	RCP8.5	RCP2.6	RCP8.5
高覆盖度草地	产水量/($\times 10^8$ m³)	20.036	20.111	19.460	19.537	23.807	23.937
	土壤保持量/($\times 10^8$ t)	1.518	1.569	1.486	1.521	1.413	1.461
	NPP/(gc/m²)	443.149	506.569	425.867	484.117	402.962	465.742
	生境质量指数	0.954		0.870		0.843	
	碳储量/($\times 10^8$ t)	10.033		9.864		9.544	
中覆盖度草地	产水量/($\times 10^8$ m³)	41.792	41.945	41.786	41.939	47.763	48.939
	土壤保持量/($\times 10^8$ t)	2.464	2.581	2.346	2.419	2.259	2.367
	NPP/(gc/m²)	371.835	435.255	348.604	406.854	330.759	393.539
	生境质量指数	0.905		0.774		0.765	
	碳储量/($\times 10^8$ t)	14.708		12.348		11.377	
低覆盖度草地	产水量/($\times 10^8$ m³)	62.341	64.059	63.844	64.059	64.053	64.268
	土壤保持量/($\times 10^8$ t)	1.487	1.572	1.429	1.484	1.454	1.492
	NPP/(gc/m²)	335.620	399.040	315.397	373.647	297.067	359.847
	生境质量指数	0.711		0.681		0.679	
	碳储量/($\times 10^8$ t)	8.031		6.696		5.305	

草地碳储量:生态保护情景下三种覆盖度草地的碳储量均高于耕地保护情景和自然变化情景,同一覆盖度草地,在面积不断增大时其碳储量也增大;从覆盖来看,中覆盖度草地的碳储量高于高覆盖度草地,低覆盖度草地的碳储量最低,因为不同覆盖度草地的碳密度不

一样,高覆盖度草地的碳密度高于中、低覆盖度草地,碳储量除了与碳密度有关外,还与各覆盖度草地的面积有关,三种土地利用情景下,中覆盖度草地的面积最大,因此综合碳密度与草地面积的结果是中覆盖度草地的碳储量最高,高覆盖度草地碳密度最大,但是面积最小,所以高覆盖度草地的碳储量较低。

草地土壤保持量:三种土地利用情景下,中覆盖度草地的土壤保持量均高于高覆盖度草地和低覆盖度草地,而高、低覆盖度草地的土壤保持量相当,因为中覆盖度草地面积大于高、低覆盖度草地,另外,草地土壤保持量也与草地所处地理位置有关。生态保护情景下草地土壤保持量高于耕地保护情景和自然变化情景,生态保护情景限制生态功能较强的林地和草地向其他土地利用/覆被类型的单向转换,各覆盖度草地的面积均大于其他两种土地利用情景;两种气候情景下,RCP8.5情景下的各覆盖度草地的土壤保持量高于RCP2.6情景,在各覆盖度草地的管理措施和地理位置不发生变化,降水量增加时,潜在的土壤侵蚀增大,相应的土壤保持量会增加。

草地NPP呈现出的规律:高、中、低覆盖度草地的NPP依次降低,平均值分别为454.73 gc/m^2、381.14 gc/m^2和346.77 gc/m^2,植被覆盖度越高,NPP越大;三种土地利用情景下,生态保护情景的NPP最大,耕地保护情景次之,自然变化情景最小,这与三种土地利用情景下草地面积密切相关,很显然,生态保护情景的草地面积大于其他两种土地利用情景;不同气候情景下,NPP也随之发生变化,三种土地利用情景下,RCP8.5情景的NPP均高于RCP2.6情景,在气温和降水都发生小幅上升时,水热条件充足,更有助于植被的生长和光合作用。

三种土地利用情景中,生态保护情景下,高覆盖度草地的生境质量指数最高,为0.954,中、低覆盖度草地的生境质量指数分别为0.905和0.711,自然变化情景下,高、中、低覆盖度草地生境质量指数均最低,分别为0.843、0.765和0.679,生境质量指数的大小与各土地利用情景下草地面积呈正比例关系;从覆盖度来看,高覆盖度草地生境质量指数最高,中覆盖度草地次之,而低覆盖度草地最低,三种土地利用情景下,中覆盖度草地面积均高于其他两种覆盖度草地的面积,但生境质量指数并不是最高的,说明生境质量指数与高、中、低覆盖度草地面积的大小关系不大,与草地的覆盖度密切相关,还与威胁源距离有关。

7.4 总 结

基于CA-Markov模型预测黄河流域2030年三种土地利用情景下的土地利用/覆被图,结果显示在生态保护情景下,林地、各覆盖度草地的面积大于其他两种情景,耕地面积大于自然变化情景,而建设用地面积小于其他两种情景;耕地保护情景下耕地面积最大,林地和草地面积稍大于自然变化情景,建设用地面积小于自然变化情景;自然变化情景下建设用地面积远大于其他两种情景,耕地面积小于其他两种情景。

结合三种土地利用情景和气候预测结果,评估2030年黄河流域生态系统服务功能,结果显示,与2018年相比,2030年黄河流域产水量、土壤保持量、生境质量指数呈减小趋势,而碳储量和NPP呈增大趋势。产水量、土壤保持量和NPP在RCP8.5情景下高于

RCP2.6 情景。

　　各覆盖度草地的生态系统服务功能在不同土地利用情景下也发生改变,高覆盖度草地在生态保护情景下的生境质量指数和 NPP 最高;中覆盖度草地的土壤保持量和碳储量在生态保护情景下最高;低覆盖度草地的产水量最高,在自然变化情景和 RCP8.5 情景下最高。

第 8 章
黄河流域草地生态系统服务价值时空特征及其地形梯度效应

　　自 20 世纪 90 年代 Costanza 等对生态系统服务价值评价的研究取得突破性进展之后，国内外对各类生态系统服务价值评估的热潮极大地推动了生态系统价值评估研究的发展，包括生态系统服务的概念、功能分类体系、不同生态系统及评价指标、评估方式和研究现状等方面。谢高地等通过意愿调查法，针对中国国情，结合 Costanza 等众多学者的成果，制订了中国生态系统服务价值当量因子，此后，众多学者开展了基于当量因子评估生态系统服务价值的研究，如 Zhang 等利用生态系统服务价值表评估博斯腾流域生态系统服务价值时空演变，Lin 等评估了塔里木河干流的生态系统服务价值，并基于生态系统服务价值优化了其土地利用结构。Deng 等采用修正的当量因子法，测算了长征沿线革命老区 310 个县域的生态系统服务价值，并基于 ESV 对该区生态补偿优先级和生态补偿额度进行划分和估算。Gao 等以太湖流域为研究区，采用当量因子法计算 ESV，探究 ESV 与土地利用强度的关系并探究其变化的原因。但是，目前国内外关于草地生态系统服务功能及其价值评价的研究较少，由于草地生态系统的复杂性决定了其功能的不确定性，生态系统服务价值与其类型关系密切，由于草地类型多样，区域草地平均生物量不同，因而，不同区域各类草地生态系统服务价值差异较大。后续研究应利用区域不同类草地生物量和主要粮食单产、单价订正草地生态系统服务基准单价，使草地生态系统服务价值估算更加准确。

　　黄河流域是我国重要的生态屏障和经济地带。草地是该流域主要的土地利用/覆被类型，约占流域总面积的 50%，草地生态系统是黄河流域自然生态系统的重要组成部分，发挥着调节气候、循环与储存养分、固碳释氧、涵养水源、形成土壤、控制侵蚀、处理废物、滞留沙尘和维持生物多样性等生态功能。但是由于黄河流域人类活动和经济发展对草地生态系统的影响逐渐增强，草地逆行演替的速度加快，人-草-畜关系失衡，草地大面积退化，并诱发了沙尘暴、荒漠化等生态问题。目前，对黄河流域草地生态系统的研究多集中于退化的现状与机制、草地景观的演变及草地沙化分类，缺乏对黄河流域内草地生态系统服务价值等方面的研究。基于此，本书基于单位面积当量因子法，利用黄河流域各类草地生物对谢高地等提出

的中国生态系统服务价值当量因子进行修正,计算黄河流域草地生态系统服务价值,采用
GeoDa 软件明确黄河流域草地 ESV 的空间集聚特征,并分析草地 ESV 的地形梯度效应,以
期为黄河流域制定生态保护规划与管理制度以及草地保护政策提供可靠参考和依据,促进
人地和谐和可持续发展。

8.1　黄河流域草地生态系统服务基准单价和总价值

　　黄河流域草地生态系统提供的服务中,土壤保持、生境维持、气候调节的基准单价较高,
分别为 5200.38 元/公顷、4341.39 元/公顷、3621.69 元/公顷,在所有服务中,食物生产和原
材料生产的基准单价较低,分别为 998.29 元/公顷和 835.77 元/公顷,两者之和不及休息娱
乐的基准单价。而水调节、废物处理和气体调节的基准单价相差不大,但都高于休息娱乐,
分别为 3482.4 元/公顷、3528.83 元/公顷和 3064.51 元/公顷,土壤保持的基准单价最高,约
为基准单价最低的原材料生产的 6.2 倍。说明黄河流域草地生态系统提供的土壤保持服务
产生的价值占绝对优势。

　　从草地类型看,草地类型不同,其生态系统服务价值也各不相同(表 8-1),其中热性草丛
单位面积的服务价值最高,为 64719.73 元/公顷,温性草原化荒漠单位面积的服务价值最
低,为 2468.84 元/公顷。不同草地类型单位面积生态系统服务价值从高到低依次为热性草
丛、山地草甸、暖性灌草丛、沼泽、暖性草丛、高寒草甸、温性草甸草原、低地草甸、改良草地、
高寒草原、温性草原、温性荒漠草原、温性荒漠、高寒草甸草原、温性草原化荒漠。

　　根据草地生态系统服务基准单价,并结合不同类型草地面积,计算黄河流域各类草地生
态系统服务总价值(表 8-2)。黄河流域草地生态系统服务总价值为 10082.234×10⁸ 元,各项
服务中,供给服务(包括食物生产和原材料生产)价值为 682.515×10⁸ 元,占草地生态系统服
务总价值的 6.77%;调节服务(包括气候调节、气体调节、废物处理、水调节)价值为
5097.277×10⁸ 元,占草地生态系统服务总价值的 50.56%;支持服务(包括土壤保持和生境
维持)价值为 3550.813×10⁸ 元,占草地生态系统服务总价值的 35.22%,剩余的文化服务
(休息娱乐)的价值为 751.631×10⁸ 元,占草地生态系统服务总价值的 7.46%。

　　不同类型草地对生态系统服务价值的贡献率也不同,其中高寒草甸的生态系统服务总
价值最高,为 4514.260×10⁸ 元,贡献率达 44.77%,其次为山地草甸,生态系统服务总价值
为 1448.897×10⁸ 元,贡献率为 14.37%。温性草原的生态系统服务总价值为 1240.485×
10⁸ 元,占比约为 12.30%。暖性草丛、暖性灌草丛和低地草甸的生态系统服务总价值相当,
分别为 730.032×10⁸ 元、614.003×10⁸ 元和 588.112×10⁸ 元。高寒草原、温性草甸草原和温
性荒漠草原的生态系统服务总价值相差不大,均为 2.5×10⁸ 元左右。而热性草丛的生态系
统服务总价值最低,为 0.193×10⁸ 元。

表 8-1 黄河流域各型草地生态系统服务基准单价

单位:元/公顷

生态系统服务功能	食物生产	原料生产	水调节	土壤保持	废物处理	气体调节	气候调节	生境维持	休息娱乐	合计
温性草甸草原	1139.34	953.86	3974.44	5935.16	4027.43	3497.50	4133.41	4954.80	2305.17	30921.11
暖性灌草丛	1742.47	1458.81	6078.39	9077.06	6159.43	5348.98	6321.52	7577.72	3525.46	47289.84
温性草原	498.78	417.58	1739.92	2598.28	1763.12	1531.13	1809.51	2169.10	1009.15	13536.56
暖性草丛	1606.46	1344.95	5603.94	8368.55	5678.66	4931.47	5828.10	6986.24	3250.28	43598.64
改良草地	773.94	647.95	2699.79	4031.69	2735.79	2375.82	2807.78	3365.74	1565.88	21004.37
山地草甸	1830.53	1532.53	6385.56	9535.77	6470.70	5619.29	6640.98	7960.66	3703.62	49679.64
低地草甸	819.43	686.03	2858.48	4268.66	2896.59	2515.46	2972.82	3563.57	1657.92	22238.97
沼泽	1681.13	1407.46	5864.41	8757.51	5942.60	5160.68	6098.98	7310.96	3401.36	45625.09
高寒草甸	1337.07	1119.41	4664.19	6965.19	4726.38	4104.49	4850.76	5814.69	2705.23	36287.38
温性荒漠	163.58	136.95	570.63	852.14	578.24	502.15	593.46	711.39	330.97	4439.50
温性草原化荒漠	90.97	76.16	317.33	473.88	321.56	279.25	330.02	395.61	184.05	2468.84
热性草丛	2381.70	1996.50	8318.73	12422.64	8429.65	7320.48	8651.48	10370.68	4824.86	64719.73
温性荒漠草原	169.52	141.92	591.35	883.09	599.24	520.39	615.01	737.22	342.98	4600.72
高寒草原	596.31	499.24	2080.16	3106.37	2107.90	1830.54	2163.37	2593.27	1206.49	16183.64
高寒草甸草原	140.09	117.29	488.69	729.78	495.21	430.05	508.24	609.24	283.44	3802.04

表 8-2　黄河流域各类草地生态系统服务总价值

单位：×10⁸元

生态系统服务功能	食物生产	原材料生产	水调节	土壤保持	废物处理	气体调节	气候调节	生境维持	休息娱乐	合计
温性草甸草原	9.042	7.570	31.543	47.105	31.964	27.758	32.805	39.324	18.295	245.406
暖性灌草丛	22.624	18.941	78.921	117.855	79.973	69.450	82.077	98.388	45.774	614.003
温性草原	45.708	38.267	159.446	238.105	161.571	140.312	165.823	198.775	92.478	1240.485
暖性草丛	26.899	22.520	93.835	140.126	95.086	82.574	97.588	116.980	54.424	730.032
改良草地	0.316	0.265	1.103	1.648	1.118	0.971	1.147	1.375	0.640	8.583
山地草甸	53.387	44.696	186.234	278.109	188.717	163.885	193.683	232.171	108.015	1448.897
低地草甸	21.670	18.142	75.593	112.885	76.601	66.522	78.616	94.239	43.844	588.112
沼泽	4.489	3.758	15.658	23.383	15.867	13.779	16.284	19.520	9.082	121.820
高寒草甸	166.335	139.257	580.239	866.490	587.976	510.610	603.449	723.365	336.539	4514.260
温性荒漠	1.314	1.100	4.585	6.847	4.646	4.035	4.769	5.716	2.659	35.671
温性草原化荒漠	1.847	1.546	6.442	9.620	6.528	5.669	6.700	8.031	3.736	50.119
热性草丛	0.007	0.006	0.025	0.037	0.025	0.022	0.026	0.031	0.014	0.193
温性荒漠草原	10.083	8.441	35.172	52.523	35.641	30.951	36.579	43.848	20.400	273.638
高寒草原	7.757	6.495	27.061	40.411	27.422	23.814	28.143	33.736	15.695	210.534
高寒草甸草原	0.018	0.015	0.062	0.093	0.063	0.055	0.064	0.077	0.036	0.483

8.2 生态系统服务价值的空间分布

如图 8-1 所示,采用自然断点法将生态系统服务价值从大到小分为 4 类,分别为高值、较高值、较低值和低值。总体来看,黄河流域草地生态系统服务价值呈现出西南高、西北低的空间格局,草地生态系统服务价值与草地类型的空间分布具有极强的空间一致性。高值区集中分布于黄河河源区若尔盖草原地区,零星分布于青藏高原和黄河下游太行山地区,这些地区的主要草地类型为山地草甸,植被覆盖度高。较高值区的面积较大,集中分布于黄河上游青藏高原地区,形成明显的地理单元,该区域的草地类型主要为高寒草甸,少有温性草甸草原。较低值区主要分布在黄土高原西部区域,分布的草地类型有高寒草原、温性草原和低地草甸。低值区主要分布在黄河流域中游,宁夏平原、河套平原和黄土高原北部,主要分布的草地类型为温性荒漠草原、温性草原化荒漠和温性荒漠。

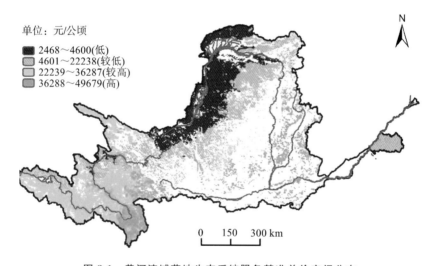

图 8-1 黄河流域草地生态系统服务基准单价空间分布

为进一步揭示黄河流域草地生态系统服务价值的空间分布特征,笔者以草地生态系统服务基准单价为变量进行单变量空间自相关分析,黄河流域草地生态系统服务价值的 Moran's I 为 0.9122,表明草地生态系统服务价值存在显著的空间集聚特征,大部分网格在高-高集聚区和低-低集聚区内,表明草地生态系统服务价值在空间上呈高、低值集聚特征。进一步采用 LISA 集聚图,判断局部空间自相关的类型及其显著性水平,取 $\alpha=0.05$ 时,草地生态系统服务价值的局部空间自相关分析结果如图 8-2 所示。黄河流域草地生态系统服务价值集聚特征非常明显,高-高集聚区连片分布于黄河上游和下游,低-低集聚区分布于河套平原、宁夏平原及整个黄土高原大部分区域,空间集聚区除连片连带分布外,存在一些小范围"插花"集聚区,如在祁连山分布有高-高集聚区。

图 8-2　黄河流域草地生态系统服务价值空间自相关分布

8.3　黄河流域草地生态系统服务价值的地形梯度分异特征

　　为保证生态系统服务价值在网格单元上具有可比性,生成渔网图,并提取网格中心点的海拔、坡度、地形起伏度和地形位指数平均值,笔者分类汇总各级地形梯度草地生态系统服务价值的平均值,绘制各地形梯度上生态系统服务价值折线图(图 8-3),由图可知,黄河流域草地单位面积生态系统服务价值的海拔梯度效应显著,随海拔升高,生态系统服务价值呈下降—上升的变化趋势,第Ⅱ级海拔时生态系统服务价值最低,而第Ⅴ级时生态系统服务价值最高,从地形上来看,该海拔梯度主要分布着高寒草甸,并少有高寒草原,植被以密丛而根茎短的小蒿草、矮蒿草等为主,并伴生多种苔草、杂草类等,植被覆盖度可达 70%～90%,对草地生态系统服务功能贡献较大,因此该海拔梯度生态系统服务价值较高。生态系统服务价值的坡度梯度特征明显,随着坡度增加生态系统服务价值呈持续上升的趋势,这首先与黄河流域各级坡度面积大小有关,其次由于研究区位置的特殊性,从图 8-3 可以看出,坡度等级为Ⅴ级时,草地生态系统服务价值最高,该坡度等级面积较小,而且在黄河流域全域均有分布,但集中分布于上游青藏高原等地。黄河流域地形起伏度的范围在 0～955 m 之间,黄河流域草地生态系统服务价值随地形起伏度的升高呈先增后减的趋势,草地生态系统服务价值在地形起伏度为Ⅰ级时最低,在Ⅳ级时最高。黄河流域地形位指数最大值为 3.66,这说明

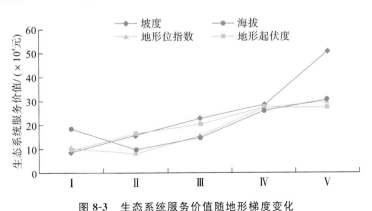

图 8-3　生态系统服务价值随地形梯度变化

局部地区出现坡度大、海拔高的特征,地形位指数最小值为 0.18,草地生态系统服务价值随地形位指数的升高呈先下降后上升的变化趋势,在地形位指数为Ⅱ级时最低,在地形位指数为Ⅴ级时,草地生态系统服务价值最高。

黄河流域草地各生态系统服务价值具有明显的地形梯度特征(图 8-4)。随着海拔不断升高,草地各生态系统服务价值的变化规律基本一致,均呈先上升后下降的趋势,在第Ⅱ和Ⅲ级各生态系统服务价值最高,在第Ⅴ级时各生态系统服务价值最低,这与海拔等级的面积有关,其次由于研究区位置的特殊性。各生态系统服务中,土壤保持价值最高,其次是气候调节、食物生产和废物处理。各生态系统服务价值随坡度的上升呈上升—下降—上升的变化规律,整体上,各生态系统服务价值在坡度为Ⅱ级时最高,坡度为Ⅰ级时最低,各生态系统服务中,土壤保持价值最大,废物处理价值最低。各项生态系统服务价值随地形位指数和地

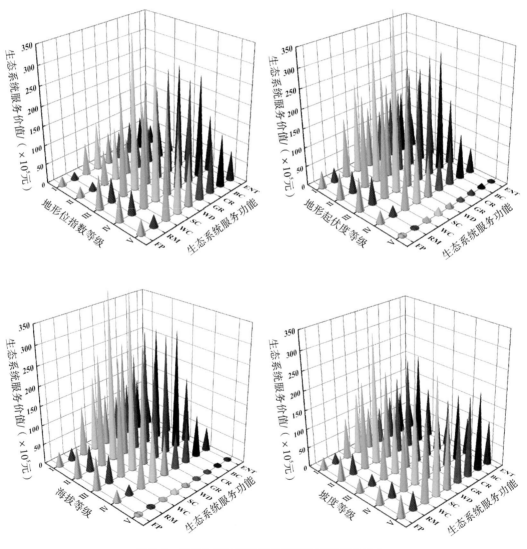

图 8-4　各项生态系统服务价值随地形梯度的变化

注:FP 表示食物生产,RM 表示原材料生产,WC 表示水调节,SC 表示土壤保持,WD 表示废物处理,GR 表示气体调节,CR 表示气候调节,BC 表示生境维持,ENT 表示休息娱乐。

形起伏度增加普遍呈先上升后下降的趋势,而且各生态系统服务价值在地形位指数和地形起伏度为Ⅲ级时最高,在地形位指数为Ⅰ级时最低,在地形起伏度为Ⅴ级时最低,各生态系统服务价值与坡度和海拔的关系类似,土壤保持价值最高,废物处理价值最低。

8.4　总　　结

黄河流域草地生态系统提供的土壤保持服务基准单价占绝对优势,约为最低基准单价(原材料生产)的 6.2 倍。其中热性草丛单位面积的服务价值最高,为 64719.73 元/公顷,温性草原化荒漠单位面积生态服务价值最低,为 2468.84 元/公顷。

黄河流域草地生态系统服务总价值为 10082.234×10^8 元,各项服务中,调节服务价值最大,占总价值的 50.56%,供给服务、支持服务和文化服务三者之和占 49.44%。高寒草甸的生态系统服务价值最高,为 4514.260×10^8 元,贡献率达 44.77%,其次为山地草甸,生态系统服务总价值为 1448.897×10^8 元,贡献率为 14.37%。

黄河流域草地生态系统服务价值呈现出西南高、西北低的空间格局,草地生态系统服务价值与草地类型的空间分布具有极强的空间一致性,高值区主要分布在黄河上游和下游地区,低值区位于宁夏平原、河套平原及黄土高原大部分区域。

黄河流域草地单位面积生态系统服务价值表现出较为明显的地形梯度差异,随海拔和地形起伏度增加呈下降—上升的变化趋势,随坡度增加生态系统服务价值呈持续上升的趋势,随地形位指数的升高呈先下降后上升的变化趋势。

第 9 章

黄河流域生态系统服务功能分区及草地生态系统分类管理对策

9.1 基于 SOM 的黄河流域生态系统服务功能分区

生态系统服务簇(ecosystem service bundles)代表在空间或时间上反复出现的一系列生态系统服务功能,是一种编译和传递多个生态系统服务的综合信息的实用方法,生态系统服务簇可根据多个生态系统服务重要性识别区域内的主导服务。

9.1.1 研究方法

1. 主成分分析

主成分分析(principal component analysis,PCA)也称主分量分析,是一种统计方法,通过正交变换将一组可能存在相关性的变量转换为一组线性不相关的变量,转换后的变量称为主成分,变换后的数据在一个新的坐标系统中,使得任何数据投影的第一大方差在第一个坐标上,称为第一主成分,第二大方差在第二个坐标上,称为第二主成分,依次类推。主成分分析通常使用降维方法,同时保留对数据集变化贡献最大的特征。这主要是通过保留低阶主成分而忽略高阶主成分来实现的。主成分分析的计算步骤如下。

(1)原始指标数据的标准化:采集 p 维随机向量 $x(x_1,x_2,\cdots,x_p)$,n 个样品 $x_i(x_{i1},x_{i2},\cdots,x_{ip})$,$i=1,2,\cdots,n$,$n>p$,构造样本矩阵,对样本矩阵进行如下标准变换:

$$Z_{ij} = \frac{x_{ij} - \overline{x_j}}{S_j}(i=1,2,\cdots,n;j=1,2,\cdots,p)$$

其中 $\overline{x_j} = \dfrac{\sum\limits_{i=1}^{n} x_{ij}}{n}$,$S_j^2 = \dfrac{\sum\limits_{i=1}^{n}(x_{ij}-\overline{x_j})^2}{n-1}$,得标准化矩阵 Z。

(2)对标准化矩阵 Z 求相关系数矩阵:

$$r_{ij} = \frac{\sum z_{kj} \cdot z_{kj}}{n-1}(i,j = 1,2,\cdots,p)$$

（3）解样本相关矩阵 R 的特征方程 $|R - \lambda I_P = 0|$ 得 p 个特征根，按 $\dfrac{\sum\limits_{j=1}^{m}\lambda_j}{\sum\limits_{j=1}^{p}\lambda_j} \geqslant 0.85$ 确

定 m 值，使信息的利用率达 85% 以上，对每个 $\lambda_{jj} = 1,2,\cdots,m$，解方程组 $Rb = \lambda_j b$ 得单位特

征向量 b_j^o。

（4）将标准化后的指标变量转换为主成分：

$$U_{ij} = z_i^T b_j^o(j = 1,2,\cdots,m)$$

U_1 称为第一主成分，U_2 称为第二主成分⋯⋯U_p 为第 p 主成分。

（5）对 m 个主成分进行综合评价。

对 m 个主成分进行加权求和，即得最终评价值，权数为每个主成分的方差贡献率。本研
究采用 Canoco5 软件对 5 项生态系统服务进行主成分分析。

首先对 5 项生态系统服务进行主成分分析（图 9-1），结果显示建议提取的主成分个数为
2，前两个主成分可解释 60% 的变量总方差。产水和生境质量在第一主成分（PC_1）上有较高
正载荷，NPP 和碳储存在第二主成分（PC_2）上有较高正载荷，土壤保持在两个主成分上的载
荷差异相对较小。从主成分分析图可知，NPP 与碳储存距离相对较近，生境质量与产水距
离较近，而 NPP 与产水趋于垂直，土壤保持则与其他生态系统服务存在一定距离。因此就
主成分分析的结果来看，建议将 5 项生态系统服务分为三个聚类。

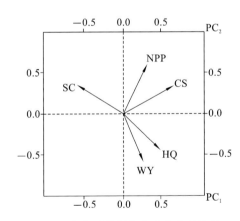

图 9-1　生态系统服务主成分分析结果

注：WY 表示产水，SC 表示土壤保持，CS 表示碳储存，HQ 表示生境质量，NPP 表示净初级生产力。

2. 自组织映射

自组织映射（self-organizing map，SOM）是一种基于竞争与合作学习的人工神经网络
（ANN），其规则是在低维（通常是 2D）网络空间上形成高维数据的非线性投影。SOM 采用
竞争学习来更新邻域拓扑关系中的权重和剩余输入空间，然后，它将输入数据映射到网络
层，并使复杂的数据可视化。SOM 的结构通常包括两层：输入层和输出层。在输入层，输入

数据由具有多维特征(向量)的神经元表示,每个神经元作为一个样本;输出层包括预定义的神经元网络(通常是 $m \times n$ 的矩阵),其权重向量也由初始定义输入向量的相同维度控制。根据相似性度量,每个输入神经元被指定到输出层的最佳匹配单元(BMU),所选的 BMU 被更新,其相邻的神经元也被更新,更新量由邻域规则决定。在更新权重的迭代以后,输出层中 BMU 的权重提供了一个或多个输入节点的向量,并且为物理上彼此靠近的输出层中的神经元提供了输入模式的相似表征,具体实现过程如下。

(1)初始化:对所有连接权重都用小的随机值进行初始化。

(2)竞争过程:对于每种输入模式,神经元计算它们各自的判别函数值,为竞争提供基础。具有最小判别函数值的特定神经元被宣布为胜利者。具体过程如下:如果输入空间是 D 维(即有 D 个输入单元),可以把输入模式写成 $X = \{x_i : i = 1, \cdots, D\}$,输入单元 i 和神经元 j 之间在计算层的连接权重可以写成 $W_j = \{w_{ji} : j = 1, \cdots, N; i = 1, \cdots, D\}$,其中 N 是神经元的总数。然后将判别函数定义为输入向量 X 和每个神经元 j 的权向量 W_j 之间的欧几里得距离的平方:$d_j(x) = \sum_{i=1}^{D} (x_i - w_{ji})^2$。

(3)合作过程:在神经生物学研究中,一组兴奋神经元内存在横向的相互作用。当一个神经元被激活时,最近的邻居节点往往比远距离的节点表现得更兴奋,并且存在一个随距离衰减的拓扑邻域。据此,笔者为 SOM 中的神经元定义一个类似的拓扑邻域:如果 S_{ij} 是神经元网络上神经元 i 与神经元 j 之间的横向距离,取 $T_{j,I(x)} = \exp\left(-\dfrac{S_{j,I(x)}^2}{2\,\partial^2}\right)$ 为拓扑邻域,其中 $I(x)$ 是获胜神经元索引。该函数有几个重要的特性:它在获胜的神经元中是最大的,且关于该神经元对称,当距离达到无穷大时,它单调地衰减到零,它是平移不变的(即不依赖于获胜的神经元的位置移动)。

SOM 的一个特点是 σ 需要随着时间的推移而减少,常见的时间依赖性关系是指数型衰减:$\sigma(t) = \sigma_0 \exp(-t/\tau_\sigma)$

(4)适应过程:SOM 必须涉及某种自适应或学习过程,通过这个过程,输出节点自组织,形成输入和输出之间的特征映射,地形邻域不仅获胜的神经元能够得到权重更新,它的邻居也随之更新权重,更新幅度不如获胜神经元大,在实践中,适当的权重更新方式是 $\Delta w_{ji} = \eta(t) \cdot T_{j,I(x)}(t) \cdot (x_i - w_{ji})$,其中有一个依赖于时间的学习率 $\eta(t) = \eta_0 \exp(-t/\tau_\eta)$,该更新适用于多次迭代的所有训练模式 X。

(5)排序和收敛阶段:如果正确选择参数$(\sigma_0, \tau_\sigma, \eta_0, \tau_\eta)$,可从完全无序的初始状态开始,并且 SOM 算法将逐步使得从输入空间得到的激活模式表示有序化(但是,可能最终处于特征映射具有拓扑缺陷的亚稳态)。这个自适应过程有两个显著的阶段。一是排序或自组织阶段:在这期间,权重向量进行拓扑排序。通常这将需要多达 1000 次的 SOM 算法迭代,并且需要仔细考虑邻域和学习速率参数的选择。二是收敛阶段:在此期间特征映射被微调(fine tune),并提供输入空间的精确统计量化。通常这个阶段的迭代次数至少是网络中神经元数量的 500 倍,而且参数必须仔细选择。该研究的 SOM 分区主要利用 R 语言中的"raster"和"kohonen"包进行分析。

9.1.2 结果及分析

分区结果与黄河流域上、中、下游流域划分较为相似,Ⅰ区与Ⅱ区基本以黄土高原与青藏高原的过渡带为界,Ⅰ区主要包括河源至玛曲、玛曲至龙羊峡、龙羊峡至兰州干流区间、大夏河与洮河、渭河宝鸡峡以上、湟水、大通河享堂以上等三级流域,区域面积占黄河流域总面积的 39.35%;Ⅱ区主要包括清水河与苦水河、下河沿至石嘴山、石嘴山至河口镇北岸、石嘴山至河口镇南岸、内流区、吴堡以上右岸、吴堡以下右岸等三级流域,区域面积占黄河流域总面积的 35.18%;Ⅲ区主要分布在汾河、渭河宝鸡峡至咸阳及以下流域,区域面积占黄河流域总面积的 25.47%。在生态系统功能分区的基础上,采用分区统计的方式得到各区各生态系统服务功能并进行归一化处理,旨在分析每个分区内的生态系统服务结构,进而识别每个分区主动生态系统服务功能(图 9-2)。

图 9-2　黄河流域生态系统服务簇划分结果

注:图中 WY 表示产水,SC 表示土壤保持,HQ 表示生境质量,NPP 表示净初级生产力,CS 表示碳储存。

1. Ⅰ区——产水、碳储存及生境维持服务主导功能区

Ⅰ区碳储量、产水量、生境质量指数均最高,但 NPP 较Ⅲ区低很多。相对于另外两区,Ⅰ区产水服务最为突出,生境质量与碳储存也很占优势,该区属于高原山地气候,受青藏高原大尺度气候影响,降水集中,多湖泊、草地、沼泽,水分消耗少,产水量大。同时,植被覆盖度较高,野生动物资源丰富,是生物多样性的基因宝库,说明该区生态系统服务核心功能是产水、碳储存以及生境维持。

2. Ⅱ区——生境维持及碳储存服务主导功能区

Ⅱ区 5 种生态系统服务的功能和质量均低,尤其产水服务最差,该区蒸散能力极强,该区属三个区中年蒸发量最大的地区,最大年蒸发量可超过 2500 mm,此外,NPP 服务功能也明显低于另外两区,由于该区位于内陆腹地,形成了一种干旱半干旱生态系统占优势的自然景观,土地利用/覆被类型多为沙地、荒漠草地,且植被结构较简单,生产力低,是黄河流域陆地生态系统的生物量极贫区,黄河中游降水不足造成水资源缺乏且分布不均。

3. Ⅲ区——初级净生产力(NPP)服务主导功能区

Ⅲ区的 NPP 服务具有明显优势,这些地区地形较为平坦,黄河干流及多条支流经过,属

温带季风性气候,水热条件充足。同时,该区是黄河流域重要的农业生产区以及人口、经济密集区,受人类活动干扰较大,生境质量较差。

9.2 草地生态系统服务功能核心区及重点提升区识别

前文已通过生态系统服务评估,明确了黄河流域各项生态系统服务功能及草地生态系统服务功能的空间分布与格局,下面在分区的基础上进行分类,识别出草地生态系统保护极重要区、草地单项生态系统服务功能核心区以及重点提升区,按区分别提出管理对策。

9.2.1 识别方法与过程

对其指标的集聚和离散区域进行空间叠加,归并空间属性一致或类似的区域,统计空间集聚组合的类型单元,得到不同类型生态管理单元,具体过程:将 5 项生态系统服务均确定为草地生态系统保护极重要单元,即各项生态系统服务功能集中的单元,将各生态系统服务功能高值区分别确定为相应草地生态系统服务功能核心单元,将低值集聚区确定为草地生态系统服务功能提升单元。具体对应关系见表 9-1。

表 9-1 黄河流域草地生态管理单元与草地生态系统服务局部空间自相关分区对照表

生态管理单元	二级生态管理单元	局部空间自相关类型
草地生态系统保护极重要单元	草地生态系统保护极重要区	草地各项生态系统服务功能局部空间自相关均为高-高类型,是 5 项生态系统服务均为高值的集聚区
草地单项生态系统服务功能核心单元	草地产水功能核心区	草地产水量局部空间自相关为高-高类型
	草地碳储存功能核心区	草地碳储量局部空间自相关为高-高类型
	草地土壤保持功能核心区	草地土壤保持量局部空间自相关为高-高类型
	草地生境维持功能核心区	草地生境质量指数局部空间自相关为高-高类型
	草地净初级生产力(NPP)功能核心区	草地 NPP 局部空间自相关为高-高类型
草地生态系统服务功能提升单元	草地土壤保持功能重点提升区	草地土壤保持量局部空间自相关为低-低类型
	草地生境维持功能重点提升区	草地生境质量指数局部空间自相关为低-低类型
	草地产水功能重点提升区	草地产水量局部空间自相关为低-低类型
	草地净初级生产力(NPP)功能重点提升区	草地 NPP 局部空间自相关为低-低类型
	草地碳储存功能重点提升区	草地碳储量局部空间自相关为低-低类型

9.2.2 识别结果及分析

根据上述识别方法和识别过程,共识别出 1 个草地生态系统保护极重要单元、5 个草地

单项生态系统服务功能核心单元及 5 个草地生态系统服务功能提升单元,识别结果详见图
9-3、图 9-4 和表 9-2。

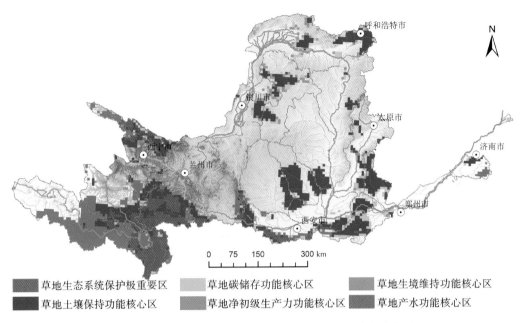

图 9-3　黄河流域草地生态系统服务功能核心区空间分布图

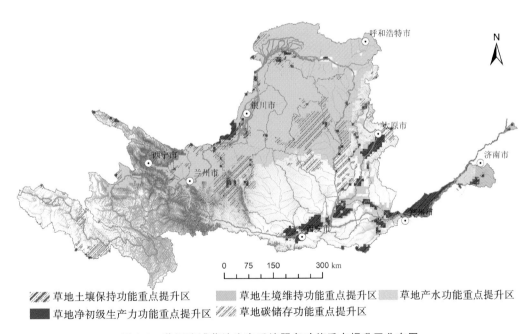

图 9-4　黄河流域草地生态系统服务功能重点提升区分布图

表 9-2　黄河流域二级生态管理单元及其分布、特征

二级生态管理单元	分布	特征
草地生态系统保护极重要区	总面积 50914.16 km²，主要分布在若尔盖草原、甘肃甘南高原、祁连山南部地区、甘肃天水小陇山地区以及秦岭关山地区	5 项生态系统服务均为高值集聚的区域，该区域土地利用/覆被类型为高覆盖度草地，以若尔盖湿地为代表的川西北湿地是黄河主要水源涵养地之一，该地区水资源丰沛，光热条件好，因此形成了水草丰茂、适宜放牧的草原，是黄河流域重要的水源涵养区、生物多样性保护区、土壤保持功能核心区；甘南高原是"黄河蓄水池"，是"中华水塔"的重要组成部分，在涵养和补给黄河水源、调节气候、保持水土、维护生物多样性方面具有十分重要的特殊功能和不可替代的作用。祁连山地区是我国西部重要生态安全屏障、黄河流域重要水源产流地
草地产水功能核心区	总面积 120771.73 km²，主要分布在青藏高原巴颜喀拉山地区、川西若尔盖草原地区、青藏高原与黄土高原过渡区、祁连山区大通河流域、关山地区以及秦岭北坡地区	该区降水丰富，尤其是秦岭山脉北坡受地形影响较大，降水量为全流域最高。区域植被覆盖度较高，土地利用/覆被类型以草地为主，蒸散发低，是黄河流域核心水源供给区，是黄河流域水资源生态安全的重要保障
草地碳储存功能核心区	总面积 156898.06 km²，主要分布在青藏高原与黄土高原的过渡区、祁连山地区大通河流域、关山—秦岭北坡地区、豫西—东秦岭地区、沁河领域、延安市南部地区以及银川平原与毛乌素沙地过渡区域	该区以高覆盖度草地为主，草地分布集中，平均碳密度高，草地面积占比大，是黄河流域重要的碳储存区域
草地土壤保持功能核心区	总面积 158208.76 km²，与碳储存功能核心区分布范围基本一致	地形复杂，同时，该区域多为林下草地，草地和林地交叉分布，良好的植被覆盖为该地区提供了较强的土壤保持能力；该区降水充足，降水侵蚀因子也较高，造成潜在土壤侵蚀量较高；良好的植被覆盖为该地区提供了较强的土壤保持能力

二级生态管理单元	分布	特征
草地生境维持功能核心区	总面积 148003.62 km²，分布范围与草地土壤保持功能核心区基本一致	该区土地利用/覆被类型以草地和林地为主，受气候、地形地貌等自然因素限制，人类活动干扰小，生物多样性水平高
草地净初级生产力功能核心区	总面积 150995.35 km²，分布范围与草地生境维持功能核心区基本一致	上游高海拔地区太阳辐射能量较强，对于植被光合作用有明显的促进作用，有利于植被的恢复生长。下游水热条件充沛，植被覆盖度高
草地产水功能重点提升区	总面积 323829.79 km²，广泛分布于黄河中游地区，包括黄土高原全部区域	该区降水量少，且蒸散能力强，属于干旱半干旱区，土地利用/覆被类型以低覆盖度草地、沙地等为主，整体生态环境较脆弱
草地碳储存功能重点提升区	主要分布在黄土高原西部、中部以及山西吕梁山以东地区	该区域土地利用/覆被类型以低覆盖度草地、未利用地为主，平均碳密度小，碳储存能力弱，碳储量低
草地生境维持功能重点提升区	主要分布在汾河谷地、渭河谷地以及黄河干流花园口以下区域	该区域是黄河流域重要的冲击平原地带，也是黄河流域重要的农业生产区域、人口分布密集区域以及经济活动的主要区域，由于分布有大量耕地和城乡建设用地，生境威胁因子多，造成区域生境维持能力低。同时由于植被覆盖度低，且地势平缓，实际侵蚀量低，因此其土壤保持功能相对较低
草地土壤保持功能重点提升区		
草地净初级生产力功能重点提升区		

9.2.3　草地生态系统功能优化对策

草地在黄河流域具有土地利用/覆被类型区位意义，是流域主要土地利用/覆被类型，为黄河流域生态系统服务功能的发挥做出了巨大贡献，草地与其他土地利用/覆被类型的转换以及草地面积的变化均对黄河流域生态系统服务功能产生重大影响，提升草地生态系统服务功能对整个黄河流域生态系统具有重大意义，根据前文分区结果，针对草地生态系统保护极重要单元、草地单项生态系统服务功能核心单元以及草地生态系统服务功能提升单元提出对策，分区策略能够实现各项生态系统服务效益的最优化。

1. 草地生态系统保护极重要单元保护对策

该单元是黄河流域生态系统保护的极重要单元，多项生态系统服务功能在此叠加，具有不可替代的生态系统服务功能，未来应作为重点保护的生态功能区进行严格管理，划定生态保护红线，严格生态准入制度，严禁在被划定生态保护红线的区域内进行不符合主体功能定位的各类开发活动，要以三江源、祁连山、甘南黄河上游水源涵养区等为重点，推进以草地恢复为主体的生态保护修复和建设工程,提高生态系统的原真性、完整性。在实施措施上,坚持生态优先,生产-生态有机结合的原则,2002年以来,我国政府在牧区实施了一系列的生态系统服务付费政策,包括"退牧还草""草原生态补偿激励机制""优良品种补贴"等,这些措施确定了每个草原区域的"适当承载能力",鼓励牧民降低放牧强度,并利用政府补贴补偿牧民的经济损失,甘南高原等草原牧场应开展生态修复,严格实施以草定畜,控制载畜量,从根本上遏制超载过牧,将部分生态空间和承载力还给野生动物,建立和完善以国家公园为主体的自然保护地体系;采取禁牧、休牧、减牧、轮牧等管理措施加速退化草地的恢复,采取乡土草种补播、土壤生物修复等措施加速严重退化草地的恢复和重建,强化生物多样性的保护,保障生境的连通性,提升环境承载力和水源涵养能力。

但需要注意的是,区域产水功能与其他生态系统服务功能为此消彼长的权衡关系,通过生态修复等干预措施保持土壤、增加碳储量、利于生境维持的同时,可能会造成产水量的下降,该区域是黄河流域主要的来水流域,产水量减少不利于下游水资源生态安全,更不利于黄河下游高质量发展。因此,应特别重视产水功能与其他生态系统服务功能的相互关系,统筹考虑各项生态系统服务功能的综合效益;与此同时应明确林地、草地、农田、荒漠、沙地、水域等各种生态系统共同存在,重视土地利用结构的调整,而不是仅仅注重草地生态系统服务功能的提升,应统筹山水林田湖草一体化保护和修复。

2. 草地单项生态系统服务功能核心单元优化对策

草地产水功能核心区是黄河流域水源供给的核心区域,其主要目标功能为提升水源涵养能力,坚持保护优先,限制或禁止各种不利于水源涵养功能发挥的人类活动和生产方式,以自然保护为主,生态建设为辅,建立生态补偿等机制。其中三江源草甸草原湿地以水源涵养和生物多样性保护为主,加强退化草原的防治,实施生态移民和超载草场减畜,封育草地,恢复湿地,涵养水源,若尔盖草原以水源涵养为主,停止开垦,禁止过度放牧,严禁沼泽湿地疏干改造,保护湿地及草原植被,维持湿地规模,逐步恢复湿地水源涵养功能;甘南高原以水源涵养为主,加强高原野生动植物保护,实施退牧还草、退耕还林还草、牧民定居和生态移民。草地碳储存功能核心区主要是中、高覆盖度草地,是全流域重要的碳储存区域,应不断加大天然草地的保护力度,实施以恢复草地植被为主的生态修复措施,防止草地退化以及草地向建设用地、耕地等转换,提高生态系统的碳吸收和碳储存能力。已有研究表明,改良措施和人工种草均能有效提高土壤表层有机碳含量,禁牧和休牧均能有效降低土壤侵蚀,促进土壤有机碳积累。草地土壤保持功能核心区是全流域土壤保持功能核心区域,发挥着重要的土壤保持作用。一方面,利用区域土壤保持的优势功能,继续提高草地植被覆盖度,进一步提升草地生态系统土壤保持能力;另一方面,加强退化草地生态系统的恢复对于提高流域生态系统土壤保持功能也具有重要作用,合理地保护与利用不同类型的草地资源,加快流域退化草地生态系统的恢复进程,有助于改善草地生态系统的结构,加强土壤保持功能。草地生境维持功能核心区与草地净初级生产力功能核心区空间分布范围基本一致,整体植被覆盖度较高,草地是主要的土地利用/覆被类型之一,对维持生物多样性具有重要的意义,生境适宜度好,且与人类活动等威胁源距离较远,该区域应进一步强化生物多样性的保护,以河流为生态廊道,保障生境的连通性,尽可能地减少和杜绝人类活动,避免人类活动对区域生境现状的破坏。

3. 草地生态系统服务功能提升单元优化对策

首先,草地产水功能重点提升区应以水资源短缺为基本限制,尽可能地提高降水资源的生态效应。黄河流域草地产水功能重点提升区主要分布在以黄土高原为核心的北部区域，本区不仅降水量少，分布不均，而且暴雨强度大，加之黄土结构疏松，容易形成水土流失，水资源短缺是该区植被难以恢复的核心原因，但由于地形复杂，各地生态环境差异很大，在河道、沟谷底部，大多具有小盆地气候，相对温暖湿润，以小流域为基本单元，注重自然修复，促进人地关系和谐，而且研究发现，草地有助于保持泥沙淤积和产水量之间的平衡，而且种植牧草也是增加产水量的途径之一，因此应遵循"塬区固沟保塬，坡面退耕还林草，沟道拦蓄整地，沙区固沙还灌草"。

其次，草地碳储存功能重点提升区应作为退耕还林还草的重点区域。该区域以低覆盖度草地为主，同时分布少量耕地，一方面，应采取退耕还林还草措施，增大草地覆盖面积，增大单位面积碳密度，进而增加碳储量；另一方面，优化草地结构，减小低覆盖度草地面积，增大高、中覆盖度草地面积，进而增加该区域碳储量。

最后，针对黄河流域草地生境维持功能重点提升区、草地净初级生产力功能重点提升区以及草地土壤保持功能重点提升区，主要应协调好发展生产与维持生物多样性之间的关系，以黄河下游三角洲为重点区域，该区人口密集，建设用地集中分布，该区无序集约的城市化进程和农业发展是造成其他重要生态系统服务丧失的主要原因，城市的扩张，导致碳储存、生境质量和土壤保持功能降低，城市集中区的生态系统服务功能主要体现在绿色基础设施方面，因此在城市核心区建立绿化带，以消除不透水表面增加的副作用，考虑到未利用地对生态系统服务功能的贡献率低，新型城镇化选址应优先考虑未利用地，以此使黄河下游各生态系统服务功能增加。

9.3　总　　结

本章采用自组织映射方法，将黄河流域按生态系统服务功能划分为 3 个生态系统服务主导功能区，Ⅰ区为产水、碳储存及生境维持服务主导功能区，Ⅱ区为生境维持及碳储存服务主导功能区，Ⅲ区为初级净生产力（NPP）服务主导功能区，功能分区结果明显受到黄河流域土地利用/覆被类型、气候等自然条件的影响，可为黄河流域分区调控生态系统服务功能实现效益最大化提供基本依据。

在生态系统服务功能分区的基础上，应用空间叠加的方法识别出 1 个草地生态系统保护极重要单元、5 个草地单项生态系统服务功能核心单元和 5 个草地生态系统服务功能提升单元，并分别提出草地生态系统各项服务功能保护和提升对策，这些对策更具有空间针对性，能够为区域生态修复与国土空间综合整治提供科学依据。

第 10 章
研究结论与展望

10.1 研 究 结 论

　　基于土地利用/覆被类型与生态系统服务功能关系密切的科学事实,本书运用 InVEST 模型评估黄河流域全域及草地生态系统服务功能并分析其时空变化规律,探究生态系统服务功能对草地利用转型的敏感性,通过对比分析不同土地利用/覆被类型生态系统服务功能明晰草地对全域生态系统服务功能的贡献。在此基础上探究黄河流域全域生态系统服务功能及草地生态系统服务功能的权衡与协同关系及其空间格局驱动因素;科学预测黄河流域未来土地利用/覆被变化及其生态系统服务功能变化,结合生态系统服务簇,划定黄河流域生态系统服务功能区,并重点提出草地生态系统服务功能提升对策和管理建议。主要研究结论如下。

　　(1)草地是黄河流域内规模最大、分布范围最广的土地利用/覆被类型,占流域总面积的50%左右,1990—2018 年黄河流域各土地利用/覆被类型转换频繁,尤其是草地、林地和耕地之间的相互转换以及耕地向建设用地转换比较显著,其中建设用地、林地和低覆盖度草地面积增大,耕地、高覆盖度草地和中覆盖度草地面积减小,草地退化明显。29 年间,各二级流域土地利用/覆被类型组合较稳定,从西到东,呈现出"草地(林地)—耕地—建设用地"的明显地带性规律,黄河上游草地面积占比高,越到下游,草地面积越小,而耕地和建设用地面积增加;且建设用地在花园口以下流域区位意义明显,而未利用地在内流区的区位意义极其明显。

　　(2)1990—2018 年,黄河流域碳储量、土壤保持量、生境质量指数均呈降低的趋势,产水量增加,NPP 呈先减少后增加的趋势,29 年间各项生态系统服务功能在空间格局上变化并不明显,产水量西北地区低,西南及东南地区高,黄河上游是产水的主要区域,碳储量呈西南高、西北低的空间分布特征,土壤保持量、生境质量指数基本呈上游高、中下游低的空间分布特征,NPP 高值区域主要分布在黄河下游地区,经度地带性规律明显。草地是黄河流域生态系统服务功能的主要贡献者,草地 5 项生态系统服务功能具有明显的空间集聚特征:产水量西南地区高于西北地区,碳储量、土壤保持量和 NPP 高值区主要分布于若尔盖草原、小浪底花园口和渭河谷地,低值区均散布于黄土高原中部,生境质量指数高值区主要分布于青藏高原,低值区分布于黄河下游,且草地各生态系统服务功能有明显的地形效应,产水量、土壤保持量和 NPP 对低覆盖度草地与水域间的转换最敏感。

（3）黄河流域 5 项生态系统服务间的关系在研究期内基本稳定,土壤保持、生境质量、碳储存、NPP 功能之间以协同关系为主,协同程度略有不同,与产水表现为权衡关系,但是在空间表现上,权衡与协同关系表现出明显的空间异质性。生态系统服务权衡关系具有明显的尺度效应,各二级流域生态系统服务功能权衡关系与全域不同,且各二级流域之间也不同,各个生态系统服务功能整体表现出了明显的流域差异且显示出明显的地域规律。草地 5 项生态系统服务功能的权衡与协同关系与全域有着完全不同的结果,表现为 5 项生态系统服务功能在研究各期均为协同关系,同时也表现出空间异质性,草地产水量主要受降水量和坡度的影响,碳储量、土壤保持量、生境质量指数与 NPP 主要受坡度与植被覆盖度的影响,空间异质性的存在使得不同服务功能间的关系在空间上表现不同。

（4）对黄河流域未来土地利用/覆被变化的预测表明,生态保护情景下,2030 年黄河流域林地和草地面积多于自然变化情景和耕地保护情景。在三种土地利用情景下,2030 年黄河流域产水量、土壤保持量、生境质量指数均比 2018 年有所降低,而碳储量和 NPP 有所增加,产水量、土壤保持量和 NPP 在 RCP8.5 情景下高于 RCP2.6 情景。高覆盖度草地在生态保护情景下的生境质量指数和 NPP 最高;中覆盖度草地的土壤保持量和碳储量在生态保护情景下最高;低覆盖度草地的产水量最高,在自然变化和 RCP8.5 情景下最高。

（5）黄河流域按生态系统服务功能可划分为 3 个生态系统服务主导功能区,Ⅰ区为产水、碳储存及生境维持服务主导功能区,Ⅱ区为生境维持及碳储存服务主导功能区,Ⅲ区为初级净生产力（NPP）服务主导功能区。在功能分区的基础上,提出 1 个草地生态系统保护极重要单元,5 个草地单项生态系统服务功能核心单元和 5 个草地生态系统服务功能提升单元,并分别提出草地生态系统各项服务功能保护和提升对策。

10.2 展　　望

（1）全面评估黄河流域生态系统服务功能并明确不同功能间的权衡与协同关系,并以小流域为单元明确黄河流域不同小流域生态系统服务功能权衡与协同关系的差异性,探究其差异性的深层机制和过程机制。本书已经从过去和未来两个方面评估了黄河流域产水、土壤保持、碳储存、生境质量以及 NPP 5 项生态系统服务功能时空分布及其权衡与协同关系,得到了不同流域因其土地利用/覆被类型不同而其权衡与协同关系不同、相关程度也不同。但本书关注的 5 项生态系统服务功能并没有包含生态系统为人类所提供的所有服务,比如在黄河上游的牧业生产,黄河下游的农业生产以及娱乐文化等,在今后的研究中应尽可能全面考虑和评估所有生态系统服务功能并探究其权衡与协同关系。

（2）深入探究生态系统服务之间依赖性、竞争性、相互独立性作用特征以及要素生态系统（如草地生态系统）与对全要素生态系统服务功能的贡献。本书发现草地生态系统与全要素生态系统服务功能的差异性及其贡献,但是对不同服务功能之间的相互依赖性、竞争性（如产水功能与土壤保持功能之间的竞争性）以及相互独立性作用特征缺乏深入探究。虽然基本明确了草地生态系统服务功能对全要素生态系统服务功能的贡献程度,但其作用机制尚不明确,在今后的研究中应重点关注要素生态系统服务功能间的关系与全要素生态系统服务功能间的关系,揭示其作用机制与响应机制。

（3）加强土地利用、景观格局、生态过程/功能、生态系统服务、人类福祉的相互关系研究。现有研究已经明确生态系统服务功能与土地利用/覆被类型变化有着极为密切的关系,而生态系统服务功能与人类福祉密切相关,因而土地利用/覆被类型的优化可以改变甚至提升生态系统服务功能。在今后的研究中,应围绕黄河流域高质量发展,根据不同区域发展目标和国家意志优化土地利用/覆被结构,进而提升生态系统服务功能,提升人类福祉。

主要参考文献

［1］ Millennium Ecosystem Assessment. Ecosystems and human well-being［M］. Washington DC：Island Press，2015.

［2］ Costanza R，d'Arge R，de Groot R，et al. The value of the world's ecosystem services and natural capital［J］. Nature，1997，387：253-260.

［3］ 刘绿怡，刘慧敏，任嘉衍，等. 生态系统服务形成机制研究进展［J］. 应用生态学报，2017，28(8)：2731-2738.

［4］ 赵士洞，张永民. 生态系统与人类福祉——千年生态系统评估的成就、贡献和展望［J］. 地球科学进展，2006，21(9)：895-902.

［5］ 许丁雪，吴芳，何立环，等. 土地利用变化对生态系统服务的影响——以张家口-承德地区为例［J］. 生态学报，2019，39(20)：7493-7501.

［6］ 傅伯杰，张立伟. 土地利用变化与生态系统服务：概念、方法与进展［J］. 地理科学进展，2014，33(4)：441-446.

［7］ 蔡运龙，李双成，方修琦. 自然地理学研究前沿［J］. 地理学报，2009，64(11)：1363-1374.

［8］ Harrison P A，Berry P M，Simpson G，et al. Linkages between biodiversity attributes and ecosystem services：a systematic review［J］. Ecosystem Services，2014，9：191-203.

［9］ Cumming J A，Wooff D A，Whittle T，et al. Multi well deconvolution［J］. SPE Reservoir Evaluation and Engineering，2014，17(4)：457-465.

［10］ 王广成，李中才. 基于时空尺度及利益关系的生态服务功能［J］. 生态学报，2007，27(11)：4758-4765.

［11］ 罗格平，张爱娟，尹昌应，等. 土地变化多尺度研究进展与展望［J］. 干旱区研究，2009，26(2)：187-193.

［12］ 张甜. 大宁河流域土地利用/覆被变化与生态系统服务权衡研究［D］. 重庆：西南大学，2018.

［13］ 陈强，陈云浩，王萌杰，等. 2001—2010 年黄河流域生态系统植被净第一性生产力变化及气候因素驱动分析［J］. 应用生态学报，2014，25(10)：2811-2818.

［14］ 习近平. 在黄河流域生态保护和高质量发展座谈会上的讲话［J］. 求是，2019(20)：4-11.

［15］ Wang J，Peng J，Zhao M，et al. Significant trade-off for the impact of Grain-for-Green Programme on ecosystem services in North-western Yunnan，China［J］. Science of the Total Environment，2017，574：57-64.

［16］ Wang Y，Zhao J，Fu J，et al. Effects of the Grain for Green Program on the water ecosystem services in an arid area of China—Using the Shiyang River Basin as an example[J]. Ecological Indicators，2019，104：659-668.

[17] 张宇硕，陈军，陈利军，等．2000—2010 年西伯利亚地表覆盖变化特征——基于 GlobeLand30 的分析[J]．地理科学进展，2015，34(10)：1324-1333.

[18] 黄颖，李鑫．1995—2015 年淮河生态经济区生态系统服务评估与时空变化分析[J]．生态与农村环境学报，2021,37(1):49-56.

[19] 孙艺杰，任志远，赵胜男，等．陕西河谷盆地生态系统服务协同与权衡时空差异分析[J]．地理学报，2017，72(3)：521-532.

[20] 饶胜，林泉，王夏晖，等．正蓝旗草地生态系统服务权衡研究[J]．干旱区资源与环境，2015，29(3):81-86.

[21] 傅伯杰,张立伟．土地利用变化与生态系统服务:概念、方法与进展[J]．地理科学进展，2014，33(4)：441-446.

[22] Wu J. Landscape sustainability science：ecosystem services and human well-being in changing landscapes[J]. Landscape Ecology，2013，28(6)：999-1023.

[23] 吕荣芳．宁夏沿黄城市带生态系统服务时空权衡关系及其驱动机制研究[D]．兰州：兰州大学，2019.

[24] 邓楚雄，刘俊宇，李忠武，等．近20年国内外生态系统服务研究回顾与解析[J]．生态环境学报，2019，28(10)：2119-2128.

[25] 刘华妍，肖文发，李奇,等．北京市生态系统服务时空变化与权衡分析[J]．生态学杂志,2021,40(1):209-219.

[26] 于德永，郝蕊芳．生态系统服务研究进展与展望[J]．地球科学进展，2020,35(8)：804-815.

[27] Villa F，Bagstad K J，Johnson G W,et al. Scientific instruments for climate change adaptation：estimating and optimizing the efficiency of ecosystem service provision [J]. Ecomnomia Agrariay Recursos Naturales，2011，11(1)：83-98.

[28] Sherrouse B C,Semmens D J. Social values for ecosystem services，version 3.0 (SolVES 3.0)：documentation and user manual［R］. Reston，Virginia：U.S. Geological Survey，2015.

[29] 侯红艳，戴尔阜，张明庆．InVEST 模型应用研究进展[J]．首都师范大学学报(自然科学版)，2018，39(4)：62-67.

[30] Haunreiter E，Cameron D. Mapping ecosystem services in the Sierra Nevada，CA [J]. The Nature Conservancy，California Program，2001,12(1):16-32.

[31] 周彬，余新晓，陈丽华,等．基于 InVEST 模型的北京山区土壤侵蚀模拟[J]．水土保持研究，2010，17(6)：9-13.

[32] Chen L，Xie G，Zhang C，et al. Modelling ecosystem water supply services across the Lancang River basin[J]. Journal of Resources and Ecology，2011，2 (4)：322-327.

[33] 杨芝歌，周彬，余新晓，等．北京山区生物多样性分析与碳储量评估[J]．水土保持通报，2012,32(3)：42-46.

［34］ 贾芳芳．基于 InVEST 模型的赣江流域生态系统服务功能评估［D］．北京：中国地质大学（北京），2014．

［35］ 白杨，郑华，庄长伟，等．白洋淀流域生态系统服务评估及其调控［J］．生态学报，2013，33（3）：711-717．

［36］ 王晓峰，马雪，冯晓明，等．重点脆弱生态区生态系统服务权衡与协同关系时空特征［J］．生态学报，2019，39（20）：7344-7355．

［37］ 陈心盟，王晓峰，冯晓明，等．青藏高原生态系统服务权衡与协同关系［J］．地理研究，2021，40（1）：18-34．

［38］ Nelson E，Mendoza G，Regetz J，et al．Modeling multiple ecosystem services，biodiversity conservation，commodity production，and tradeoffs at landscape scales［J］．Frontiers in Ecology and the Environment，2009，7（1）：4-11．

［39］ 王良杰，马帅，许稼昌，等．基于生态系统服务权衡的优先保护区选取研究——以南方丘陵山地带为例［J］．生态学报，2021，41（5）：1716-1727．

［40］ Fisher B，Turner R K，Burgess N D，et al．Measuring，modeling and mapping ecosystem services in the Eastern Arc Mountains of Tanzania［J］．Progress in Physical Geography，2011，35（5）：595-611．

［41］ 刘业轩，石晓丽，史文娇．福建省森林生态系统水源涵养服务评估：InVEST 模型与 meta 分析对比［J］．生态学报，2021，41（4）：1349-1361．

［42］ 白永飞，黄建辉，郑淑霞，等．草地和荒漠生态系统服务功能的形成与调控机制［J］．植物生态学报，2014，38（2）：93-102．

［43］ 于彤．基于 Meta 分析法的甘肃省甘南州草地生态系统服务价值评价及其生态补偿标准研究［D］．北京：北京林业大学，2020．

［44］ White R P，Murray S，Rohweder M．Pilot Analysis of Global Ecosystems：Grassland Ecosystems［M］．Washington DC：World Resources Institute，2000．

［45］ 中华人民共和国农业部畜牧兽医司，全国畜牧兽医总站．中国草地资源［M］．北京：中国科学技术出版社，1996．

［46］ 白永飞，赵玉金，王扬，等．中国北方草地生态系统服务评估和功能区划助力生态安全屏障建设［J］．中国科学院院刊，2020，35（6）：675-689．

［47］ 吴丹，邵全琴，刘纪远，等．中国草地生态系统水源涵养服务时空变化［J］．水土保持研究，2016，23（5）：256-260．

［48］ 刘军会，高吉喜．北方农牧交错带生态系统服务价值测算及变化［J］．山地学报，2008，26（2）：145-153．

［49］ 张雪峰，牛建明，张庆，等．内蒙古锡林河流域草地生态系统水源涵养功能空间格局［J］．干旱区研究，2016，33（4）：814-821．

［50］ 仲俊涛，王蓓，米文宝，等．基于 InVEST 模型的宁夏盐池县禁牧草地生态补偿标准空间识别［J］．地理科学，2020，40（6）：1019-1028．

［51］ 吕曾哲舟，黄晓霞，孙晓能，等．干扰对牦牛坪景观格局及草地生态系统服务的影响［J］．生态环境学报，2020，29（4）：725-732．

［52］ Byrd K B，Flint L E，Alvarez P，et al．Integrated climate and land use change scenarios for California rangeland ecosystem services：wildlife habitat，soil carbon，and water supply[J]. Landscape Ecology，2015，30(4)：729-750.

[53] Han G，Hao X，Zhao M，et al. Effect of grazing intensity on carbon and nitrogen in soil and vegetation in a meadow steppe in Inner Mongolia [J]. Agriculture Ecosystems & Environment，2008，125：21-32.

[54] 谢高地，张钇锂，鲁春霞，等．中国自然草地生态系统服务价值[J]．自然资源学报，2001(1)：47-53.

[55] 赵同谦，欧阳志云，贾良清，等．中国草地生态系统服务功能间接价值评价[J]．生态学报，2004(6)：1101-1110.

[56] 李晶，李红艳，张良．关中-天水经济区生态系统服务权衡与协同关系[J]．生态学报，2016，36(10)：3053-3062.

[57] van Jaarsveld A S，Biggs R，Scholes R J，et al. Measuring conditions and trends in ecosystem services at multiple scales：the Southern African Millennium Ecosystem Assessment（SAfMA） experience[J]. Philosophical Transactions of the Rogal Society of London，2005，360(1454)：425-441.

[58] Limburg K E，O'Neill R V，Costanza R，et al. Complex systems and valuation[J]. Ecological Economics，2002，41 (3)：409-420.

[59] 杨殊桐．黄土高原典型流域植被恢复对生态系统服务功能权衡协同关系的影响[D]．西安：西安理工大学，2020.

[60] 李双成，张才玉，刘金龙，等．生态系统服务权衡与协同研究进展及地理学研究议题[J]．地理研究，2013，32(8)：1379-1390.

[61] 李双成，谢爱丽，吕春艳，等．土地生态系统服务研究进展及趋势展望[J]．中国土地科学，2018，32(12)：82-89.

[62] 曹祺文，卫晓梅，吴健生．生态系统服务权衡与协同研究进展[J]．生态学杂志，2016，35(11)：3102-3111.

[63] Rodríguez J P，Beard T D，Bennett E M，et al. Trade-offs across space，time，and ecosystem services[J]. Ecology and Society，2006,11(1)：709-723.

[64] 傅伯杰，于丹丹．生态系统服务权衡与集成方法[J]．资源科学，2016，38(1)：1-9.

[65] 彭建，胡晓旭，赵明月，等．生态系统服务权衡研究进展：认知到决策[J]．地理学报，2017，72(6)：960-973.

[66] Power A G. Ecosystem services and agriculture：tradeoffs and synergies[J]. Philosophical Transactions of the Rogal Society of London，2010，365(1554)：2959-2971.

[67] Bevacqua D，Melià P，Crivelli A J，et al. Multi-objective assessment of conservation measures for the European eel (Anguilla anguilla)：an application to the Camargue lagoons [J]. ICES Journal of Marine Science，2007，64 (7)：1483-1490.

[68] Lester S E，Costello C，Halpern B S，et al. Evaluating tradeoffs among ecosystem services to inform marine spatial planning[J]. Marine Policy，2013，38：80-89.

［69］ 戴尔阜，王晓莉，朱建佳，等．生态系统服务权衡/协同研究进展与趋势展望［J］．地球科学进展，2015，30(11)：1250-1259．

［70］ Raudsepp-Hearne C，Peterson G D，Bennett E M．Ecosystem service bundles for analyzing tradeoffs in diverse landscapes［J］．Proceedings of the National Academy of Sciences of the United States of America，2010，107(11)：5242-5247．

［71］ Hussain A M T，Tschirhart J．Economic/ecological tradeoffs among ecosystem services and biodiversity conservation［J］．Ecological Economics，2013，93：116-127．

［72］ Chisholm R A．Trade-offs between ecosystem services：water and carbon in a biodiversity hotspot［J］．Ecological Economics，2010，69：1973-1987．

［73］ 孙艺杰，任志远，赵胜男，等．陕西河谷盆地生态系统服务协同与权衡时空差异分析［J］．地理学报，2017，72(3)：521-532．

［74］ Louise W，Lars H，Martinus E F．Space for people，plants，and livestock？Quantifying interactions among multiple landscape functions in a Dutch rural region［J］．Ecological Indicators，2010，10(1)：62-73．

［75］ Wu J S，Feng Z，Gao Y，et al．Hotspot and relationship identification in multiple landscape services：A case study on an area with intensive human activities［J］．Ecological Indicators，2013，29：529-537．

［76］ Maes J，Paracchini M L，Zulian G，et al．Synergies and trade-offs between ecosystem service supply，biodiversity，and habitat conservation status in Europe［J］．Biological Conservation，2012，155：1-12．

［77］ Dobbs C，Nitschke C R，Kendal D．Global drivers and tradeoffs of three urban vegetation ecosystem services［J］．PLoS One，2014，9(11)：e113000．

［78］ 杨晓楠，李晶，秦克玉，等．关中—天水经济区生态系统服务的权衡关系［J］．地理学报，2015，70(11)：1762-1773．

［79］ Chan K M A，Shaw M R，Cameron D R，et al．Conservation planning for ecosystem services［J］．PLoS Biology，2006，4(11)：e392．

［80］ Egoh B，Reyers B，Rouget M，et al．Spatial congruence between biodiversity and ecosystem services in South Africa［J］．Biological Conservation，2009，142(3)：553-562．

［81］ Onaindia M，Fernández de Manuel B，Madariaga I，et al．Co-benefits and trade-offs between biodiversity，carbonstorage and water flow regulation［J］．Forest Ecology and Management，2013，289：1-9．

［82］ 刘玉，唐林楠，潘瑜春，等．京津冀地区县域农产品生产功能的时空格局及耦合特征［J］．农业工程学报，2015，31(16)：305-314．

［83］ Qiu J，Turner M G．Spatial interactions among ecosystem services in an urbanizing agricultural watershed［J］．Proceedings of the National Academy of Sciences of the United States of America，2013，110：12149-12154．

［84］ Jopke C，Kreyling J，Maes J．Interactions among ecosystem services across Europe：

bagplots and cumulative correlation coefficients reveal synergies，trade-offs，and regional patterns[J]. Ecological Indicators，2015，49:46-52.

[85] Serna-Chavez H M，Schulp C J E，van Bodegom P M，et al. Aquantitative framework for assessing spatial flows of ecosystem services［J］. Ecological Indicators，2014，39：24-33.

[86] 李双成，马程，王阳，等. 生态系统服务地理学[M]. 北京：科学出版社，2014.

[87] Bohensky E L，Reyers B，Van Jaarsveld A S. Future ecosystem services in a southern African river basin：a scenario planning approach to uncertainty［J］. Conservation Biology，2006，20（4）:1051-1061.

[88] Butler J R A，Wongb G Y，Metcalfec D J，et al. An analysis of trade-offs between multiple ecosystem services andstakeholders linked to land use and water quality management in the Great Barrier Reef，Australia[J]. Agriculture，Ecosystems and Environment，2013,180:176-191.

[89] Alcamo J，van Vuuren D，Ringler C，et al. Changes in nature's balance sheet：model-based estimates of futureworldwide ecosystem services［J］. Ecology and Society，2005，10（2）:19.

[90] 张立伟，傅伯杰. 生态系统服务制图研究进展[J]. 生态学报，2014，34（2）：316-325.

[91] Reed M S，Hubacek K，Bonn A，et al. Anticipating and managing future trade-offs and complementarities between ecosystem services[J]. Ecology and Society，2013，18：469-476.

[92] Meehan T D，Gratton C，Diehl E，et al. Ecosystem-service tradeoffs associated with switching from annual to perennial energy crops in riparian zones of the US Midwest[J]. PLoS One，2013，8:e80093.

[93] Bai Y，Zheng H，Ouyang Z Y，et al. Modeling hydrological ecosystem services and tradeoffs：a case study in Baiyangdian watershed，China[J]. Environmental Earth Sciences，2013，70：709-718.

[94] Nelson E，Mendoza G，Regetz J，et al. Modeling multiple ecosystem services，biodiversity conservation，commodity production，and tradeoffs at landscape scales ［J］. Frontiers in Ecology and the Environment，2009，7：4-11.

[95] Swetnam R D，Fisher B，Mbilinyi B P，et al. Mapping socio-economic scenarios of land cover change：a GIS method to enable ecosystem service modelling[J]. Journal of Environmental Management，2011，92（3）：563-574.

[96] Fisher B，Turner R K，Burgess N D，et al. Measuring，modeling and mapping ecosystem services in the Eastern Arc Mountains of Tanzania［J］. Progress in Physical Geography，2011，35：595-611.

[97] Bai Y，Zhuang C，Ouyang Z，et al. Spatial characteristics between biodiversity and ecosystem services in a human-dominated watershed［J］. Ecological Complexity，2011，8（2）：177-183.

［98］ Onaindia M，de Manuel B F，Madariaga I，et al. Co-benefits and trade-offs between biodiversity，carbon storage and waterflow regulation［J］. Forest Ecology and Management，2013，289：1-9.

［99］ Raudsepp-Hearne C，Peterson G D，Bennett E M. Ecosystem service bundles for analyzing trade-offs in diverse landscapes［J］. Proceedings of the National Academy of Sciences of the United States of America，2010，107：5242-5247.

后 记

本书是我在博士论文基础上修改而成的，从最初选题到博士论文送审答辩，再到如今成书过程见证了我学术探索和成长经历，本书的完成和出版可谓我学术生涯的一个标志性事件。这期间生活的酸甜苦辣和求学的成败得失我将一直铭记于心。经过多年的磨砺，我从一个生态学的初学者、门外汉，开始向一个真正的学者转变，从感到痛苦和枯燥乏味开始向享受学术生涯的丰富多彩转变。

在此，我向所有曾帮助、鼓励、陪伴我的人表示诚挚的感谢。

特别感谢我的导师张德罡教授，张教授治学严谨，和蔼可亲，以渊博的知识、敏锐的科研思路为我的选题指明方向，每到科研瓶颈期，他都会提出不一样的思路，这常使我有"山重水复疑无路，柳暗花明又一村"之感。遇此良师，我倍感珍惜，必将谨记教诲，祝愿老师身体健康。感谢甘肃农业大学管理学院的陈英教授、植物保护学院的尚素琴教授、资源与环境学院的李纯斌教授，在论文的选题和研究方向上给了我很多意想不到的惊喜。感谢我的同门师兄弟姐妹们，还有甘肃农业大学管理学院贺英、屈雯、任玺锦、马丽亚、刘长雨、陶文倩、侯青青、吉珍霞等，由于专业跨度大，承蒙各位不厌其烦地给予帮助。

衷心感谢父母，求学20余载，为我解除后顾之忧，给予暖衣饱食，为我无私付出，祝愿家人幸福快乐，和睦美满。感谢先生谢保鹏在科研道路上的帮助和鼓励，正因为有你，柴米油盐不再变得烦琐，生活的酸甜苦辣不再平淡。感谢幼子，当我每天拖着疲惫的身体回到家，你一句"妈妈回来啦!"让我满血复活，感谢你给我枯燥的科研生活带来了无尽的欢乐，愿吾儿承乾坤之正气，立天地之威仪，此生尽兴、赤诚善良、平安喜乐。

最后还要感谢甘肃农业大学草业学院提供了优质的学术环境和科研条件，感谢学院各位领导和同事在工作中给予的帮助与支持。

限于水平和能力，书中肯定存在不少问题，恳请读者批评、指正!